Einführung in die thomistische Metaphysik III

Das Sein
und
das Seiende

Einführung in die thomistische Metaphysik III

Das Sein
und
das Seiende

Miguel Grosso

Erstausgabe Juli 2023
Copyright © 2023 Miguel Alberto Grosso
ISBN 9798854052207
grossomiguel2005@yahoo.com.ar
Unabhängige Veröffentlichung
Alle Rechte vorbehalten

Originaltitel: *Introducción a la Metafísica Tomista III*
El Ser y el Ente
Autor: Miguel Grosso (2020)

INHALTSVERZEICHNIS

EINLEITUNG

Offensichtlich obliegt es einer Wissenschaft, das Sein als Sein zu studieren und die damit verbundenen Eigenschaften als Sein; und dieselbe Wissenschaft erforscht neben den oben genannten Konzepten auch Priorität und Posteriorität, Gattung und Art, Ganzes und Teil sowie alle anderen solchen Konzepte.[1]

Das Sein ist der Mittelpunkt der Metaphysik. Der Ausgangspunkt ihrer Reflexion. Das Ziel ihrer Bemühungen. Das Wesen zu ergründen, es zu erfassen, das Wissen darüber zu erlangen.

Das Sein ist der universellste Begriff, der existiert.

Aus der Sicht der thomistischen Schule ist das Sein das primum cognitum, in dem Sinne, dass nichts -nicht einmal das Nichts- vom Verstand erkannt werden kann, ohne von dieser anfänglichen Idee abhängig zu sein, die wie ein vager und verwirrender Behälter alle anderen umfasst und vereint.[2]

Das Sein ist das zentrale Problem der Metaphysik. Wie im Kapitel 3 des ersten Buches dieser Serie zitiert:

Das Problem des Seins war und wird immer das große Problem der Philosophie sein, der Dreh- und Angelpunkt um alles.[3]

Die Realität ist Sein. Das Nichts ist der Realität fremd. Daher ist die Realität das zentrale Problem der Metaphysik.

Das Sein ist der erste und offensichtlichste Begriff von allen, denn in seinem Licht werden alle anderen Konzepte erhellt. Daher ist es unmöglich, das Sein zu definieren: Es gibt keinen allgemeineren und übergeordneten Begriff, mit dem es definiert werden könnte. Wir können nur dieses Konzept erhellen, indem wir uns seiner bewusst werden. Das Sein ist etwas, das ist, eine Art zu sein oder zu existieren.[4]

Das Sein ist das, was existiert oder existieren kann, und unser Verstand erfasst zuerst das Sein der sinnlichen Dinge. **Für Sankt Thomas beginnt Erkenntnis mit den Sinnen.** Unser Verstand ist der letzte der Intellekte, und sein eigenes Objekt ist das intelligible Sein der sinnlichen Dinge. Während ein Kind durch die Sinne die Eigenschaften von Milch wie ihre Weiße und ihren Geschmack erkennt, erfasst der Verstand das intelligible Sein dieses sinnlichen Objekts.[5]

In Bezug auf das Sein erfasst unser Verstand zuerst seinen Gegensatz zum Nicht-Sein, die im Prinzip des Widerspruchs zum Ausdruck kommt. Natürlich erkennt unser Verstand das Sein und die Dinge, die an sich existieren, als Seiende, und dieses Verständnis bildet die Grundlage für das Wissen über die Ersten Prinzipien, wie die gleichzeitige Behauptung und Verneinung von Sein und Nicht-Sein.

Dieser Ausgangspunkt des thomistischen Realismus bedeutet, dass unser Verstand das intelligible Sein und seine Gegensatz zur Nicht erkennt, bevor er explizit die Unterscheidung zwischen dem Ich und dem Nicht-Ich erkennt. Dann beurteilt unser Verstand durch Nachdenken über seinen Erkenntnisakt die aktuelle Existenz des Seins und des denkenden Subjekts sowie die aktuelle Existenz der sinnlichen Dinge, die von den Sinnen wahrgenommen werden. *Der Verstand erkennt zuerst das Allgemeine, während die Sinne das Sinnliche und Einzelne erfassen.*[6]

Das Konzept des Seins wurde im Laufe der Geschichte der Philosophie tiefgründig reflektiert. Aus thomistischer Sicht wird argumentiert, dass **das Sein transzendental ist**, weil es die Kategorien oder Prädikamente (Substanz und Akzidenzien) übersteigen kann und sowohl das Gemeinsame als auch das Eigene jedes Seienden umfasst. Diese Sichtweise beruht auf der Idee, dass das Sein sich nicht in einer bestimmten Kategorie eingrenzen lässt, da es alle Kategorien transzendiert. Das Sein ist in allen Kategorien immanent, übersteigt sie jedoch auch.

Diese Auffassung ist jedoch nicht frei von Kritik, insbesondere von Seiten Hegels. Er argumentiert, dass das Konzept des Seins eine reine

Unbestimmtheit impliziert und umstrittenweise diese Unbestimmtheit mit dem Nichts gleichsetzt. Nach seiner Auffassung vermischen sich das Sein und das Nichts in einer Perspektive reiner Abstraktion.

Diese Position von Hegel hat Debatten und Kritik anderer Philosophen ausgelöst. Es wird argumentiert, dass seine Gleichsetzung der reinen Unbestimmtheit mit dem Nichts eine konzeptionelle Verwirrung darstellt, da das Sein alle Bestimmungen in verwirrender Weise umfasst, während das Nichts die vollständige Ausschließung von Bestimmungen impliziert. Daher können Sein und Nichts nicht gleichgesetzt werden, ohne in einen Widerspruch zu geraten.

Zusammenfassend beruht die Transzendenz des Seins auf seiner Fähigkeit, das Gemeinsame und das Eigene jeder Entität zu umfassen und die Kategorien des Seins zu überschreiten. Obwohl die Kritik von Hegel diese Sichtweise in Frage gestellt hat, indem sie argumentiert, dass das Sein mit dem Nichts verwechselt wird, gibt es eine solide Verteidigung der Transzendenz des Seins, die betont, wie wichtig es ist, seine komplexe Natur zu verstehen und seine Präsenz in allen Manifestationen der Realität anzuerkennen.[7]

Die Vorstellung der Transzendenz des Seins wirft interessante philosophische Fragen in Bezug auf Unbestimmtheit und Unterscheidung auf. Zunächst stehen wir vor dem Problem, dass das Sein ein äußerst unbestimmtes Prädikat ist, während die Dinge, denen das Sein zugeschrieben wird, bestimmt und konkret sind. Das führt uns dazu, uns zu fragen, ob das Sein einfach eine logische Abstraktion ist, die nichts zur Realität der Dinge beiträgt.

Es ist jedoch notwendig, zu behaupten, dass das Sein etwas Reales ist und dass es das Nicht-Sein ausschließt, da das Sein und das Nicht-Sein widersprüchliche Gegensätze sind. Hier entsteht ein weiteres Problem: Wenn das Sein etwas Reales ist und von allem ausgesagt wird, wie können wir dann die Existenz mehrerer unterschiedlicher Entitäten aufrechterhalten? Wenn alles Sein ist, gibt es keine reale Unterscheidung zwischen den Dingen.

Die Lösung dieses Dilemmas liegt darin, die Transzendenz des Seins zu verstehen. Das Transzendente liegt in all den Dingen inhärent und formal vor, sowohl in dem, was sie ähnlich macht, als auch in dem, was sie unterscheidet. Das bedeutet, dass alle Elemente, die eine Sache ausmachen, sei es ein Prinzip der Ähnlichkeit oder ein Prinzip der Unterscheidung, formal Sein sind.

Daher ist das Sein in Bezug auf alle Dinge transzendent. Sowohl das unendliche Sein als auch das endliche Sein, die Substanz und das Akzidens, sind intrinsische und formale Sein, da sie in Bezug zur Existenz selbst stehen. Diese Vorstellung der Transzendenz des Seins ermöglicht es uns zu verstehen, dass das Sein das ontologische Grundkonzept ist, von dem alle anderen Konzepte abgeleitet werden. Es ist das allgemeinste und einfachste Prädikat, da es auf alle Dinge zutrifft und auf einfachste, abstrakte und entleerte Weise ausgedrückt wird, frei von allen Bestimmungen.

Abschließend lädt uns die Transzendenz des Seins dazu ein, über die Natur des Seins, seine Unbestimmtheit und seine Beziehung zur Unterscheidung in der Welt der Dinge nachzudenken. Indem wir die Transzendenz des Seins anerkennen, können wir verstehen, dass das Sein etwas Reales ist und in allen Dingen präsent, sowohl in ihrer gemeinsamen als auch in ihrer individuellen Eigenschaft. Es ist die ontologische Grundlage, die es uns ermöglicht, die Vielfalt und Einheit im Gefüge der Realität zu verstehen.[8]

Der Begriff des Seins wird aufgrund des Ausschlusses von Univokalität und Equivokalität als analog betrachtet. Erstens wird die Möglichkeit ausgeschlossen, dass das Sein univokal ist, dh dass es in absolut identischer Weise auf seine Unterordnungen angewendet wird. Dies liegt daran, dass das Sein keine perfekte Abstraktion von seinen Unterordnungen machen kann, da das Sein mit wesentlich unterschiedlichen Dingen identifiziert wird. Zum Beispiel zeigt sich das Sein in Seienden wie dem Menschen, dem Hund, dem Stein, dem Gedanken, dem Leben, der Wahrheit und der Gerechtigkeit, die verschiedene Arten des Seins sind. Daher kann das Sein nicht in einem vollkommen identischen Sinn auf all diese Subjekte angewendet werden.

Auf der anderen Seite wird die Möglichkeit ausgeschlossen, dass das Sein equivokal ist, dh dass es auf völlig verschiedene Seiende in völlig unterschiedlichen Bedeutungen angewendet wird. Im Gegensatz zu equivoken Begriffen ist das Sein ein authentischer Begriff, der eine gewisse Einheit besitzt. Obwohl die Seienden wesentlich unterschiedlich sind, hat der Begriff des Seins eine relative Einheit. Dies liegt daran, dass der Begriff des Seins etwas Universelles bedeutet, das allen verschiedenen Seienden gemeinsam ist. Mit anderen Worten, es gibt etwas, das alle Seienden in ihrer Qualität des Seins verbindet. Obwohl die wesentlichen Unterschiede im Sein existieren, werden sie im Begriff des Seins identifiziert und finden eine relative Einheit.

Zusammenfassend ist das Sein aufgrund seiner Unmöglichkeit, univokal oder equivokal zu sein, analog. Anstatt in völlig identischer oder völlig unterschiedlicher Weise auf verschiedene Seiende angewendet zu werden, wird der Begriff des Seins unterschiedlich, aber zugleich relativ gleich angewendet. Das Sein hat eine unvollkommene Einheit, die die wesentliche Vielfalt der Seienden umfasst und in ihrer Natur des Seins eine gemeinsame Verbindung findet. Diese Analogie des Seins spiegelt die Komplexität und Universalität dieses grundlegenden Konzepts wider.[9]

Die These der Analogie des Seins ist bei Aristoteles am deutlichsten zu finden, der anscheinend der Vorreiter in ihrer Erforschung und Verbreitung war. Später wurde diese Idee von Sankt Thomas wieder aufgegriffen und von seiner Schule immer verteidigt. Sie stieß jedoch auf den Widerspruch der Anhänger von Duns Scotus. Letzterer behauptete, dass das Sein ein univoker Begriff sei, d.h. er abstrahiert sich vollkommen von seinen Untergebenen und erfasst sie nur potenziell, ohne zu behaupten, dass das Sein eine Gattung sei.

Als Antwort auf diese Haltung wird klassisch argumentiert, dass, wenn die Modalitäten des Seins außerhalb seiner Vorstellung liegen, es unverständlich ist, was sie bedeuten können und wie sie das Sein anders als echte spezifische Unterschiede teilen können. Dies würde uns dazu bringen, das Sein als Gattung zu betrachten, was mit allen Schwierigkeiten verbunden ist.[10]

Historisch gesehen wird Parmenides das Verdienst zugeschrieben, als erster klar erkannt zu haben, dass das Sein sowohl auf der objektiven Seite der Realität als auch auf der Seite des Denkens vorrangig ist. Allerdings wird Parmenides mit einer Tradition physikalischer Philosophen in Verbindung gebracht, so dass das unbewegliche und unteilbare Sein, das er sich vorstellte, mit der Gesamtheit der Welt verwechselt wurde, die von den Sinnen wahrgenommen wurde. So befindet sich Parmenides' Ontologie immer noch auf der Ebene des körperlichen Seins. Platon wird es schaffen, sich über diese untergeordnete Sichtweise zu erheben und dem Sein seine Vielfalt und sein Werden zurückzugeben. Durch die progressiven Vertiefungen, die Aristoteles und später Sankt Thomas durchführen, wird die wahre **transzendente und analoge Vorstellung des Seins** erreicht.[11]

Durch einen **Abstraktions und Trennungsaufwand** von der Materie (Arbeits- und Studienmethode der Metaphysik) gelangen wir zur Vorstellung des Seins als Sein. Diese Abstraktion entfernt uns von den materiellen Bedingungen des Daseins, aber nicht vom eigentlichen Gegenstand der Metaphysik, der das Reale und das Existente ist. Das Sein ist das, was ist, und sein Begriff enthüllt ein Wesen, das eine entsprechende Existenz bestimmt. Die Vorstellung des Seins übersteigt alle Gattungen und ist in allen Unterschieden ihrer Modi impliziert.

In der Geschichte der Philosophie können wir drei verschiedene Auffassungen des Seins unterscheiden.[12] Nämlich:

1.Reines Werden ohne Sein (Heraclitismus). Wir verweisen auf Heraklit als seinen prominentesten Vertreter, der in der modernen Philosophie im Idealismus und Phänomenalismus wieder aufgegriffen wurde.

2.Sein ohne Werden (Eleatismus). Wir verweisen auf Parmenides als seinen prominentesten Vertreter und seine Thesen, die von Monisten und Pantheisten aller Zeiten verteidigt wurden.

3.Sein und Werden (Realismus). Wir verweisen auf Aristoteles und seine Philosophie von Akt und Potenz; eine ontologisch-dynamische Philosophie, die diese Vision der Realität als permanenter Veränderung und ihre entgegengesetzte Vision des unveränderlichen Seins überwindet. Hier setzt der Thomismus an.

Mit dem Heraclitismus und Eleatismus stehen wir vor zwei grundlegenden Doktrinen im Ursprung des vorsokratischen griechischen Philosophierens, die:

als zwei grundlegende und zugleich entgegengesetzte Modelle gelten, die das spätere Denken entscheidend geprägt haben -das in diesem Sinne als eine Reihe von möglichen Kompromissen oder Transaktionen zwischen diesen beiden Modellen beschrieben werden kann.[13]

Im Folgenden werden wir uns mit jeder dieser Doktrinen beschäftigen und auch das Platonische einführen, das sich zwischen Parmenides und Aristoteles befindet. Wir werden sehen, wie Platons Konzept des *kosmos noetos* und des "Höhlengleichnisses" zwischen dem extremen Realismus von Parmenides und dem moderaten Realismus von Aristoteles schwankt.

Erster Teil

Das Sein bei den Griechen

1. HERAKLIT: REINES WERDEN OHNE SEIN

Das Erstaunen war einer der Gründe, warum die Griechen zu philosophieren begannen. Vor allem das Erstaunen über den Wandel; das heißt, darüber, dass Dinge vom Sein zum Nicht-Sein und umgekehrt übergehen.

Heraklit (um 544-484 v.Chr.) war ein Adliger aus der Stadt Ephesos, einer Stadt in Ionien an der Westküste Kleinasiens (heutige Türkei). Das Amt des *Basileus* war in seiner Familie erblich, aber Heraklit überließ es seinem Bruder.

Ein Mann von Genie, Freund der Einsamkeit und Feind der Menge, von melancholischem Temperament, schien er seine Gedanken nur für wenige ausdrücken zu wollen. Sein Stil war lapidarisch und ist in verschiedenen Fragmenten erhalten geblieben.

Diogenes Laertios (IX, 6) schreibt Heraklit eine Arbeit mit dem Titel "Über die Natur" zu - ein Titel, der auch in Bezug auf andere Vorsokratiker verwendet wurde. Das Werk soll in drei Teile gegliedert gewesen sein: "Über das Universum", "Über die Politik" und "Über die Theologie". Es ist jedoch fraglich, ob, wenn Heraklit ein solches Werk verfasst hat, es tatsächlich auf diese Weise gegliedert war. Es ist wahrscheinlicher, dass die genannte Gliederung aus einer alexandrinischen Zusammenstellung stammt, die die stoische Dreiteilung der Philosophie verwendet hat (Kirk und Raven). In jedem Fall sind uns von Heraklit nur "Fragmente" überliefert, deren Quellen in Zitaten, Referenzen und Kommentaren verschiedener Autoren zu finden sind (darunter Sextus Empiricus, Clemens von Alexandria, Diogenes Laertios, Hippolyt, Iamblichus, Plotin, Plutarch, Porphyrios, Stobaios, Theophrast und - die bekanntesten, aber nicht unbedingt zuverlässigsten - Platon und Aristoteles). Viele dieser "Fragmente" scheinen "vollständig" zu sein, sodass Heraklits eigener Stil den Eindruck erweckt, fragmentarisch zu sein - oder vielleicht besser gesagt, lapidarisch.[14]

Er wurde aufgrund der Schwierigkeit seiner Lehre als "Der Dunkle" bezeichnet. In diesem Zusammenhang wiederholte er:

Die Natur liebt es, sich zu verbergen

Das, was die Dinge sind, sind sie nur, weil es die ewige Unruhe des Werdens gibt.

(...) Die Dinge, die wir vor uns haben, sind niemals zu irgendeinem Zeitpunkt das, was sie im vorherigen Moment waren und im nächsten Moment sein werden; (...) die Dinge ändern sich ständig; (...) wenn wir etwas festhalten wollen, besteht es nicht mehr in dem, was es vor einem Moment war. Er verkündet also das Fließen der Realität. Wir sehen niemals zweimal dasselbe, auch wenn die Momente nahe beieinander liegen (...).[15]

Das Werden ist nicht anarchisch. Es folgt einem *Logos* (Sinn, Gesetz). Im Gegensatz zu seinen modernen Nachfolgern lehnt er den Relativismus ab: Alle Gesetze werden aus dem Göttlichen genährt. Entscheidend ist der gemeinsame *Logos*: Man sollte nicht so handeln, als hätte jeder sein eigenes Gesetz.

Es gibt kein statisches Sein der Dinge. Was existiert, ist ein dynamisches Sein, in dem wir einen Schnitt machen können, aber dieser wird willkürlich sein. So sind Dinge nicht, sondern sie werden, und keines und alle können den Anspruch erheben, das Sein an sich zu sein; nichts existiert, weil alles, was existiert, einen Augenblick existiert und im nächsten Augenblick nicht mehr existiert, sondern etwas anderes. Das Sein ist eine ewige Veränderung; ein perfektes Werden; ein ständiges Fließen.[16]

Heraklit behauptet, dass der Grund für alles in der unaufhörlichen Veränderung liegt. Dass das Seiende wird, dass alles in einem fortwährenden Prozess von ständiger Geburt und Zerstörung geschieht, dem nichts entkommt.

Alles vergeht und nichts bleibt. Alles fließt, sind Sätze, die Platon den Heraklitern zuschreibt.

Aristoteles beschreibt die Lehre des Heraklit:

Andere sagen, dass alle anderen Dinge entstehen und fließen, dass nichts fest existiert und dass eine einzelne Sache bleibt, aus der alle diese (anderen) Dinge auf natürliche Weise durch Transformation entstehen; dies scheint unter vielen anderen auch Heraklit von Ephesos sagen zu wollen.[17]

Ein anderer Autor fügt hinzu:

Alles fließt und verändert sich, aber nicht auf irgendeine Weise. Es ändert sich gemäß einer Ordnung, die mit dem Feuer verglichen werden kann, da es gleichzeitig instabil und beständig ist oder genauer gesagt, instabil im Beständigen. Aus diesem Grund sagt Heraklit in einem der Fragmente, die wir als besonders aufschlussreich für seine Lehre betrachten, dass "dieser Kosmos (derselbe für alle) nicht von Göttern oder Menschen gemacht wurde, sondern immer war und ist und sein wird, wie ein ewig lebendiges Feuer, das mit Maß entzündet und mit Maß erlischt".[18]

Um seine Lehre zu entwickeln, bedient er sich zahlreicher Bilder, zum Beispiel dem Vergleich der Realität mit dem Lauf eines Flusses:

Wir können uns nicht zweimal im selben Fluss baden

Denn wenn wir zu ihm zurückkehren, sind seine kontinuierlich erneuerten Gewässer bereits andere.

Oder dieser andere Satz:

Die Sonne ist jeden Tag neu

Das Beständige, das Bleibende ist eine Illusion. Die Realität ist

Veränderung, manchmal langsam und schwer wahrnehmbar. Die Welt oder der *Cosmos* (Kosmos), wie er es nennt, ist ein ständiges Werden und Vergehen. Es ist nicht das Werk der Götter oder der Menschen. Diese Welt *war immer, ist und wird immer sein.* Sie ist ewig, von unendlicher Dauer. Sie ist einzigartig. Er leugnet die Vielfalt der Welten. Heraklit war der erste in Griechenland, der ein Konzept der Ewigkeit vorstellte, das eine zeitliche Unendlichkeit des Seins bedeutet.

In dieser Hinsicht ist Heraklit ein Pirandello der antiken Welt, der verkündet, dass nichts Beständiges existiert, dass nichts bleibt und die Irrealität des "Realen" als erwiesen ansieht.[19]

Die Realität kann metaphorisch als ein Pulsieren oder eine Reihe von Pulsationen beschrieben werden, die von einem Gesetz und einem Logos geleitet werden.[20]

Sein origineller Beitrag zur Philosophie ist das Konzept der Einheit in der Vielfalt, der Unterschied in der Einheit. Das Sein liegt in der Spannung der Gegensätze. Die Realität (das Sein) ist eins.

Für Heraklit ist die Realität also eine, aber gleichzeitig auch vielfältig, und zwar nicht nur akzidentiell, sondern wesentlich. Damit das Eine existieren kann, ist es wesentlich, dass es sowohl eins als auch vielfältig ist, Identität in der Differenz. Die Zuordnung von Hegel der Philosophie des Heraklit zur Kategorie des Werdens beruht daher auf einer falschen Interpretation, genauso wie es falsch ist anzunehmen, Parmenides sei vor Heraklit gewesen, denn Parmenides war nicht nur Zeitgenosse von Heraklit, sondern auch sein Kritiker und musste daher nach ihm geschrieben haben. Die Philosophie des Heraklit entspricht viel eher der Idee des konkreten Universals, des Einen, das in der Vielfalt existiert, Identität in der Differenz.[21]

Während Thales die Realität mit Wasser identifizierte, Anaximenes mit Luft und Pythagoras mit Zahl, ist für Heraklit das Feuer die wesentliche Natur der Realität. Diese Wahl erklärt sich im Sinne seiner eigenen

Philosophie:

Die sinnliche Erfahrung lehrt uns, dass das Feuer lebt, indem es sich von einer heterogenen Materie nährt, die es verzehrt und in sich verwandelt. Es entsteht sozusagen aus vielen Objekten, die es in sich verwandelt, und ohne diese Materialzufuhr stirbt es, hört auf zu brennen. Die Existenz des Feuers selbst hängt von diesem "Kampf", dieser "Spannung" ab. (...) "Das Feuer ist Mangel und Überfluss", das heißt, mit anderen Worten, es ist alle Dinge, die existieren, aber diese Dinge sind in ständiger Spannung des Kampfes, des Verbrauchs, der Entzündung und des Erlöschens.[22]

Bei Heraklit ist die Veränderung nicht rein, sondern folgt bestimmten Mustern. Der Kosmos ist einzigartig, schön und geordnet. Er spricht von der *verborgenen Harmonie des Kosmos*. Denn tatsächlich existiert ein universales Gesetz, das allen Dingen immanent ist und alle Seiende zu einer Einheit verbindet und die ständige Veränderung des Universums bestimmt. Es ist die universale Vernunft, der *Logos*, das Eine, das er mit Zeus identifiziert:

Die Vernunft des Menschen ist ein Moment dieser universellen Vernunft oder eine Art Kontraktion und Kanalisierung von ihr, und der Mensch sollte daher danach streben, einen vernünftigen Standpunkt zu erreichen und gemäß der Vernunft zu leben, die Einheit aller Dinge und die Herrschaft des unveränderlichen Gesetzes zu verwirklichen, sich mit dem notwendigen Prozess des Universums zufrieden zu geben und sich nicht dagegen aufzulehnen, da dieser Prozess Ausdruck des allumfassenden Logos ist, des Gesetzes, das alles ordnet.[23]

2. PARMENIDES: SEIN OHNE WERDEN

Zusammengefasst besagt seine Lehre, dass das Sein, das Eine, ist, und das Werden, die Veränderung, nur eine Illusion ist. Denn wenn etwas zu sein beginnt, gibt es zwei Möglichkeiten: Entweder stammt es aus dem Sein oder es stammt aus dem Nicht-Sein. Wenn es aus ersterem stammt, dann ist es bereits... und in diesem Fall beginnt es nicht zu sein; wenn es aus letzterem stammt, ist es nichts, denn aus dem Nichts kann nichts entstehen. Das Werden ist daher illusorisch. Das Sein ist einfach und eins, da auch die Vielheit illusorisch ist.[24]

Parmenides (ca. 540-470 v. Chr.) wurde in Elea, einer griechischen Kolonie im südlichen Italien, geboren.

Elea gab seinen Namen der von Parmenides beeinflussten Philosophenschule. Tatsächlich ist sie als "eleatische Schule" bekannt, da alle ihre Vertreter aus derselben Stadt stammten.

Er schrieb in Versform. Die meisten der Fragmente seiner Werke, die bis heute erhalten geblieben sind, wurden von Simplicius in seinem *Kommentar* aufbewahrt.

Er entwickelte die Lehre, die ihn im 5. Jahrhundert v. Chr. berühmt machte, in einem didaktischen Gedicht mit dem Titel *Über die Natur*, von dem nur wenige Fragmente erhalten sind.

Diese Lehre steht im Gegensatz zu der des Heraklit. Tatsächlich kann die Philosophie des Parmenides nicht richtig verstanden werden, ohne sie in eine polemische Beziehung zur Philosophie des Heraklit zu setzen. Erinnern wir uns daran, dass nach ihm eine Sache gleichzeitig ist und nicht ist, da das Sein darin besteht, zu sein, zu werden, zu fließen, sich zu verändern.

Selbst ohne Kenntnis dessen, was er tat, begründete Parmenides die Ontologie bereits im 5. Jahrhundert vor unserer Zeit.[25]

Der Kern des Denkens von Parmenides wird in dieser Aussage zusammengefasst:

Das Sein ist und es ist unmöglich, dass es nicht ist

Sofort ergibt sich ihr korrelatives Gegenstück:

Das Nicht-Sein ist nicht und es kann nicht einmal von ihm gesprochen werden

Parmenides stellt das Sein in den Mittelpunkt seiner Philosophie und leugnet das Werden, das Entstehen. Wenn für Heraklit "alles fließt", so ist für Parmenides "alles, was ist, ist", oder anders gesagt: alles ist in Ruhe.

Er stellt also fest, dass es in der Vorstellung des Werdens einen logischen Widerspruch gibt; es gibt diesen Widerspruch: dass das Sein nicht ist; dass das, was ist, nicht ist; denn das, was in diesem Moment ist, ist in diesem Moment nicht mehr, sondern wird zu etwas anderem. Jeder Blick auf die Realität stellt uns vor einen logischen Widerspruch; er stellt uns vor ein Sein, das dadurch gekennzeichnet ist, dass es nicht ist. Und Parmenides sagt: Das ist absurd; die Philosophie des Heraklit ist absurd, unverständlich, niemand kann sie verstehen. Denn wie kann jemand verstehen, dass das, was ist, nicht ist, und dass das, was nicht ist, ist? Es kann nicht sein! Das ist unmöglich! Dem setzt Parmenides ein Prinzip des Denkens entgegen, das niemals scheitern kann: Das Sein ist; das Nicht-Sein ist nicht. Und alles, was davon abweicht, ist wahnsinnig, es ist ein Sprung, ein Sturz in den Abgrund des Irrtums. Wie kann man, wie Heraklit sagt, behaupten, dass die Dinge sind und nicht sind? Die Dinge haben ein Sein, und dieses Sein ist. Und wenn sie kein Sein haben, ist das Nicht-Sein nicht.[26]

Das Sein war nicht zuerst möglich, das heißt, nichts, und dann existierend, sondern es hat immer existiert.

Das Werden muss nur etwas sein, das fließt, nicht etwas, das ist, da es nicht etwas ist, das in Ruhe ist, etwas, das bleibt; daher sagt er, es ist absolut nichts. Nur unsere Sinne geben uns die Illusion des Werdens und folglich der Vielfalt.[27]

Wenn etwas zum Sein kommt, muss es aus dem Sein oder dem Nicht-Sein stammen. Es ist nicht möglich, dass es aus dem Sein stammt, denn was aus dem Sein stammt, ist bereits. Und es ist auch nicht möglich, dass es aus dem Nicht-Sein stammt, denn aus dem Nichts kann kein Sein entstehen. Daher stammt das Sein weder aus dem Sein noch aus dem Nicht-Sein, sondern es ist einfach da. Es hat niemals begonnen zu sein.

Die obige Argumentation gilt für jedes Seiende, daher beginnt niemals etwas zu sein oder wird etwas. Wenn sich etwas jemals ändern würde, würde sich dasselbe Problem ergeben. Nämlich die Frage, ob diese Veränderung aus dem Sein oder dem Nicht-Sein stammt. Wenn wir sagen, dass sie aus dem Sein stammt, wäre sie bereits, sie würde bereits existieren; wenn wir sagen, dass sie aus dem Nicht-Sein stammt, würden wir irren, denn das Nichts kann keine Ursache für das Sein sein. Daher sind Veränderung, Werden und Bewegung unmöglich.

Parmenides betrachtete das Sein als materiell. Zeitlich unendlich, wie wir später sehen werden, aber räumlich begrenzt. Das heißt, das Sein ist räumlich definiert, festgelegt und vollständig. Er stellte es sich nicht als etwas vor, das sich in einem leeren Raum ausbreitet.

Abgesehen davon ist seine Realität in alle Richtungen homogen und daher kugelförmig, "gleichmäßig aus dem Zentrum in alle Richtungen ausbalanciert: Es kann nicht größer oder kleiner an einem Ort als an einem anderen sein". Und wie konnte Parmenides das Sein als kugelförmig betrachten, es sei denn, er stellte es sich als materiell vor?[28]

Beachten wir, dass für Parmenides die Materie unzerstörbar ist.

(...) Veränderung und Bewegung sind zweifellos Phänomene, die den Sinnen erscheinen, so dass Parmenides, indem er Veränderung und Bewegung ablehnt, den Weg der sinnlichen Erscheinungen versperrt. Daher ist es nicht falsch zu sagen, dass Parmenides die grundlegende Unterscheidung zwischen Vernunft und Wahrnehmung, zwischen Wahrheit und Schein einführt.[29]

Er ist der erste Philosoph, der mit strenger rationaler Strenge vorgeht und überzeugt ist, dass Wahrheit nur durch das Denken - nicht durch die Sinne - erreicht werden kann. Alles, was sich vom rationalen Denken entfernt, kann nichts anderes als Irrtum sein; nur das rational Gedachte "ist" und umgekehrt entspricht das, was ist, dem Denken genau:

Denn Denken und Sein sind dasselbe

Daher sind für Parmenides die wesentlichen Eigenschaften des Seins dieselben wie die wesentlichen Eigenschaften des Denkens.

Das Denken erhebt uns über das Sinnliche und konfrontiert uns mit dem Sein. Das Sein kann nur durch die Vernunft erreicht werden.

Die Möglichkeit, etwas zu konzipieren (Vorstellbarkeit) (und folglich die Möglichkeit, es auszudrücken), ist das Kriterium und der Beweis für die Realität dessen, was konzipiert (und ausgedrückt) wird, denn nur das Reale kann konzipiert (und ausgedrückt) werden und das Irreale kann weder konzipiert noch ausgedrückt werden. Somit gelangt Parmenides zu der Aussage, dass das Denken einer Sache gleichbedeutend ist mit dem Denken ihrer Existenz und dass die Denkbarkeit einer Sache ihre Existenz beweist; denn wenn nur das Reale denkbar ist, ist das Gedachte zwangsläufig real.[30]

Parmenides unterscheidet zwischen dem Weg der Wahrheit und dem Weg des Glaubens oder der bloßen "Meinung" (δοξα). Es wird angenommen, dass er auf diesem letzten Weg die pythagoreische Schule identifizierte. Daher wird die Unterscheidung zwischen den beiden Wegen letztendlich zur Unterscheidung zwischen zwei philosophischen Positionen: seiner eigenen und der der Pythagoreer. Parmenides lehnte die Pythagoreer ab, weil sie Veränderung und Bewegung akzeptierten.

Alle sinnlichen Dinge sind nichts weiter als Illusionen und Erscheinungen. Das Wahre liegt nicht in den sinnlichen Dingen. In ihnen gehen diejenigen verloren, die anstatt den Weg der Wahrheit zu gehen, den Weg der Meinung einschlagen.

Das sinnliche Wissen ist trügerisch. Nur der Lehre des Denkens sollte Gehör geschenkt werden, die uns die Wahrheit des Seins und seiner Eigenschaften zeigt. Auf diese Weise unterscheidet er zum ersten Mal zwischen der sinnlichen Welt und der intelligiblen Welt. Diese Unterscheidung hat bis heute Bestand.

Die sinnliche Welt ist diejenige, die wir durch die Sinne kennen. Die intelligibel Welt ist diejenige, die wir durch das Denken kennen. Die sinnliche Welt ist unintelligibel. Absurd. Bei jedem Schritt stößt sie auf die starre Aussage der Logik: das Sein ist und das Nicht-Sein ist nicht.

Es scheint sicher zu sein, dass Parmenides, obwohl er die Unterscheidung zwischen Vernunft und Wahrnehmung betont, dies nicht tut, um ein idealistisches System zu etablieren, sondern um ein materialistisches monistisches System zu etablieren, in dem Veränderung und Bewegung als illusionär abgelehnt werden. Nur die Vernunft kann die Realität erfassen, aber diese Realität, die die Vernunft erfasst, ist materiell. Das ist kein Idealismus, sondern Materialismus.[31]

Parmenides fasst seine Lehre in einer Alternative zusammen, innerhalb derer die gesamte Realität Platz findet:

Die Entscheidung besteht darin: entweder ist oder ist nicht

Er behauptet, dass es unmöglich ist, das Nicht-Sein zu denken oder auszudrücken, wodurch er unwissentlich das Prinzip des ausgeschlossenen

Dritten formuliert. Es gibt keine andere Möglichkeit außerhalb der gestellten Alternative.

Es wird deutlich, dass Parmenides eine univokalistische Vorstellung vom Sein hat. Das Sein ist für ihn ein univokes Konzept. Weder äquivok noch analog. Das führte zur Ausschließung des Nicht-Seins und damit zur Ausschließung jeglicher realer Vielfalt und Generation.

Parmenides entdeckte das logische Prinzip des Denkens, das er in folgenden Worten formuliert: Das Sein ist; das Nicht-Sein ist nicht. Alles, was von diesem Grundsatz abweicht, führt zwangsläufig zum Irrtum. Somit hat er das Prinzip der Identität zum ersten Mal ausgesprochen.

Die Aussage, dass das Nichts ist, bedeutet gleichzeitig zu behaupten, dass das Nicht-Sein ist, was widersprüchlich ist. Damit formuliert er unwissentlich das Prinzip des Widerspruchs.

Da es eine Realität gibt, die ist, und das Sein ist und das Nicht-Sein nicht ist, ergibt sich, dass **das Sein notwendig ist**. Denn ohne das Sein gäbe es nichts. Wir wären im Nichts.

Seine gesamte Argumentation über das Sein und seine Eigenschaften reduziert sich im Wesentlichen auf die Reduktion der gegensätzlichen Aussagen zum Absurden.

Das Sein ist einzigartig, unveränderlich, unbeweglich, ungeboren, unvergänglich, zeitlos und unteilbar.

Das Sein ist einzigartig, denn wenn es vielfältig wäre, gäbe es zwei oder mehr Seiende. Es müsste einen Unterschied zwischen ihnen geben. Wenn sie sich in nichts unterscheiden, wären sie nicht zwei oder drei oder wie viele auch immer, sondern nur eins. Aber das, was sich vom Sein unterscheidet, ist das Nicht-Sein, das Nichts. Da das Nichts jedoch nichts ist, kann es keine Unterschiede geben. Folglich kann es nur ein einziges Sein geben.

Denn nehmen wir an, es gibt zwei Sein; dann ist das, was das eine vom anderen unterscheidet, "ist" im einen, aber "ist nicht" im anderen. Wenn es im anderen nicht das ist, was im einen ist, gelangen wir zum logischen Widersinn, dass das Sein des einen im anderen nicht ist. Wenn wir dies absolut betrachten, gelangen wir zum widersprüchlichen Absurdum, dass das Nicht-Sein des Seins behauptet wird. Mit anderen Worten: Wenn es zwei Sein gibt, was gibt es dazwischen? Das Nicht-Sein. Aber zu sagen, dass es das Nicht-Sein gibt, bedeutet zu sagen, dass das Nicht-Sein ist. Und das ist widersprüchlich; das ist absurd, das passt nicht in den Kopf; diese Aussage widerspricht dem Prinzip der Identität.[32]

Das Sein ist unveränderlich, das heißt, es unterliegt keiner Veränderung. Es bleibt immer im selben Zustand. Jede Art von Veränderung würde bedeuten, dass das Sein sich in etwas anderes verwandelt. Aber das, was vom Sein verschieden ist, ist das Nicht-Sein. Und das Nicht-Sein ist das Nichts, und das Nichts ist nichts, also kann das Sein nicht verändern.

(...) das Sein ist unveränderlich. Das Sein kann sich nicht ändern, denn jede Veränderung des Seins beinhaltet das Sein des Nicht-Seins, da jede Veränderung bedeutet, aufzuhören, das zu sein, was es war, um das zu sein, was es nicht war; und sowohl im Aufhören zu sein als auch im Werden ist das Sein des Nicht-Seins impliziert, was widersprüchlich ist.[33]

Das Sein ist unbeweglich. Bewegung ist eine Form der Veränderung: es ist die Bewegung von einem Ort zum anderen. Um sich zu bewegen, würde das Sein einen Raum benötigen, in dem es sich bewegt. Dieser Raum oder Ort müsste vom Sein verschieden sein; aber da das, was vom Sein verschieden ist, das Nicht-Sein, das Nichts ist, kann es keinen Raum geben, in dem das Sein sich bewegt.

Das Sein ist unbeweglich; es kann sich nicht bewegen, denn sich zu bewegen bedeutet, an einem Ort nicht mehr zu sein, um an einem anderen Ort zu sein. (...) An einem Ort zu sein, setzt voraus, dass der Ort, an dem es ist, umfangreicher, weiter ist als das, was sich im Ort befindet. Folglich kann das Sein, das am weitesten, das umfangreichste ist, nicht an einem bestimmten Ort sein; und wenn es an keinem Ort sein kann, kann es nicht aufhören, an einem Ort zu sein; nun, Bewegung besteht darin, anzugeben, wo man ist, aufzuhören, an einem Ort zu sein, um an einem anderen Ort zu sein. Also ist das Sein unbeweglich.[34]

Das Sein ist ungeboren. Die Annahme eines Ursprungs im Sein würde bedeuten, dass es entweder von dem, was es ist, produziert wurde, was unmöglich ist, da es bereits existiert; oder von etwas anderem als dem Sein. Aber da das Einzige, was anders ist, das Nicht-Sein, das Nichts ist, gibt es nichts, das es erzeugt haben könnte.

(...) es ist ewig. Wenn es das nicht wäre, hätte es einen Anfang und ein Ende. Wenn es einen Anfang hätte, bedeutet das, dass vor dem Beginn des Seins das Nicht-Sein vorhanden war. Aber wie können wir zulassen, dass das Nicht-Sein existiert? Die Existenz des Nicht-Seins zuzulassen, ist genauso absurd wie zuzulassen, dass dieses Glas grün und nicht grün ist. Das Sein ist, und das Nicht-Sein ist nicht. Folglich gab es vor dem Sein auch das Sein; das heißt, das Sein hat keinen Anfang.[35]

Das Sein ist unvergänglich. Was sein Ende betrifft, hört das Sein nicht auf zu sein. Wenn das Sein zerstört würde, würde es aufhören zu sein. Wir würden dann vom Nicht-Sein, vom Nichts sprechen. Das ist absurd. Undenkbar.

(...) es hat kein Ende; denn wenn es ein Ende hat, kommt der Moment, in dem das Sein aufhört zu sein, und was gibt es nachdem das Sein aufgehört hat zu sein? Das Nicht-Sein. Aber dann müssen wir das Sein des Nicht-Seins behaupten, und das ist absurd. Folglich ist das Sein neben einzigartig auch ewig.[36]

Das Sein ist zeitlos. Parmenides betrachtet die Ewigkeit des Seins als eine überzeitliche Ewigkeit, als ewige Gegenwart. Es kann nicht über Vergangenheit oder Zukunft gesprochen werden. Es kann keine Dauer in der Zeit geben. Die Annahme, dass es war oder sein wird, bedeutet die Annahme der Veränderung des Seins in der Zeit oder seiner Unvollständigkeit. Es bedeutet die Annahme des Werdens. Im Gegensatz dazu ändert sich das Sein nicht und ist zudem vollständig. Es fehlt ihm nichts, um das zu werden, was es ist. Das Sein hat keine Verbindung zur Zeit. Es ist reine Gegenwart.

(...) das Sein ist unbegrenzt, unendlich. Es hat keine Grenzen, oder anders gesagt, es ist an keinem Ort. An einem Ort zu sein bedeutet, sich in etwas Ausgedehnteres zu befinden und daher Grenzen zu haben. Aber das Sein kann keine Grenzen haben, denn wenn es Grenzen hat, gehen wir bis zu diesen Grenzen und stellen uns an diese Grenzen. Was gibt es jenseits der Grenze? Das Nicht-Sein. Aber dann müssen wir das Sein des Nicht-Seins jenseits des Seins annehmen. Daher kann das Sein keine Grenzen haben; und wenn es keine Grenzen haben kann, ist es an keinem Ort und unbegrenzt (...)[37]

Schließlich ist das Sein unteilbar. Es gibt keine Unterschiede darin. Denn das, was vom Sein verschieden ist, ist das Nicht-Sein. Das Sein ist alles und einfach nur Sein, in vollkommener, kontinuierlicher und unterbrechungsfreier Weise zwischen etwas, das weniger und etwas, das mehr wäre. Und wenn es keine Unterschiede gibt, ist es nicht möglich, es zu teilen, da jede Teilung nach verschiedenen Teilen erfolgt.

(...) wenn es nicht eins wäre, wenn es geteilt wäre, müsste es durch etwas anderes als sich selbst geteilt sein. Aber das Sein kann nicht durch etwas anderes als sich selbst geteilt werden, denn außerhalb des Seins gibt es nichts. Es kann auch nichts hinzugefügt werden, da alles, was hinzugefügt würde, bereits das Sein selbst wäre.[38]

3. PLATON: DAS SEIN IN DEN IDEEN

Kurzbiografie

Platon, einer der größten Philosophen der Geschichte, wurde wahrscheinlich um 429 oder 427 v. Chr. in Athen geboren.

Ursprünglich wurde er Aristokles genannt. Er erhielt erst später den Spitznamen Platon, der auf seine kräftigen Schultern anspielte.

Er entstammte einer angesehenen Familie des hohen Adels von Athen. Nachdem er von den besten Lehrern seiner Zeit ausgebildet worden war, neigte Platon zunächst zur Dichtung und später zur Philosophie, nachdem er sich im Alter von nur achtzehn Jahren dem Kreis um Sokrates angeschlossen hatte.

Er gründete die Akademie (388/387 v. Chr.), die ihren Namen von einem Park und einem Gymnasion erhielt, die dem Helden Akademos gewidmet waren.

Diese Schule und Forschungseinrichtung, in der nicht nur Philosophie, sondern auch alle anderen Wissenschaften gepflegt wurden, hatte eine unvergleichliche Wirkung, bis sie geschlossen und ihre Güter vom Kaiser Justinian im Jahr 529 beschlagnahmt wurden; sie bestand also mehr als neunhundert Jahre (länger als jede bisher existierende Universität).[39]

An der Akademie wurden philosophische Studien sowie Studien anderer Disziplinen wie Mathematik, Astronomie und Naturwissenschaften im Allgemeinen durchgeführt. Sie kann als die erste europäische Universität betrachtet werden. Aristoteles trat dort 367 v. Chr. ein.

Er starb in seiner Geburtsstadt 348 oder 347 v. Chr.

Die Welt des Seins

In keinem der Dialoge von Platon finden wir eine systematisch dargelegte Lehre vom Sein oder vom Wissen.

Platon veröffentlichte niemals ein vollständiges, gut geordnetes und abgeschlossenes philosophisches System: Sein Denken entwickelte sich weiter, während sich neue Probleme in seinem Geist auftaten, Schwierigkeiten berücksichtigt werden mussten, Aspekte seiner Lehre, die weitere Betonung oder Ausarbeitung erforderten, und je nachdem, wie er verschiedene Änderungen einführen wollte.[40]

Platon glaubte an die Möglichkeit wahrer Erkenntnis. Dieses Konzept übernahm er von seinem Lehrer Sokrates. Wahres Wissen muss zwei Anforderungen erfüllen:

-es muss unfehlbar sein und

-es muss sich auf das, was ist, beziehen

Um die Erkenntnis des Seins (dessen, was ist) zu erlangen, unterscheidet Platon zwei Arten von Wissen:

> **-das sinnliche Wissen oder die Meinung**, das durch die Sinne erlangt wird
>
> **-das intelligible Wissen oder die Episteme**, das durch Vernunft erlangt wird.

Das sinnliche Wissen ist unsicher, verwirrend und widersprüchlich, weil sein Gegenstand ständig im Werden ist: *Das Ruder außerhalb des Wassers erscheint uns gerade, versenkt es sich im Wasser, erscheint es uns gebrochen.* Hier folgt Platon Heraklit.

Das intelligible Wissen ist beständig, streng und dauerhaft: *2 plus 2 ist gleich 4.* Hier folgt Platon Sokrates.

(...) neigt er eher dazu zu behaupten, dass der Mensch wirkliches Wissen erlangen kann, und versucht in erster Linie herauszufinden, was das eigentliche Objekt des Wissens ist. Dies ist der Grund dafür, dass ontologische und erkenntnistheoretische Themen bei ihm häufig miteinander vermischt sind oder pari passu behandelt werden, wie in der Republik.[41]

Es gibt zwei Welten oder zwei Ordnungen des Seins für Platon:

-die **sinnliche Welt** und
-die **intelligible Welt**.

Es gibt auch zwei Hauptarten von Erkenntnis:

-**doxa** oder Meinung und
-**episteme** oder eigentliche Erkenntnis.

Platon glaubt, dass durch das Denken eine objektive und allgemeingültige Erkenntnis der Realität erreicht werden kann. Dies erfordert das Erfassen des Bleibenden und Unveränderlichen. Grundsätzlich ist der Mensch dem sinnlichen Wissen unterworfen: Wir sind Gefangene der Erscheinungen, der Phänomene. Aber er kann zum eigentlichen Sein der Dinge gelangen. Für Platon kann die Realität erkannt werden. Das Reale ist rational. Was nicht erkannt werden kann, ist nicht rational, und was nicht vollständig real ist, ist nicht vollständig rational.

Wir haben bereits gesagt, dass für Platon wahre Erkenntnis unfehlbar sein und sich auf das beziehen muss, was ist. Die sinnliche Wahrnehmung erfüllt keine dieser Anforderungen. Was die Realität, das Sein, das ist, erfasst, ist das Denken. Ihr Gegenstand sind die Universalien. Die Universalien haben für Platon Realität. Sie sind ontologischer Natur.

Das Objekt der wahren Erkenntnis muss beständig und dauerhaft sein, fest und klar und wissenschaftlich definierbar, wie es Sokrates verstand. Wahre Erkenntnis ist die von den Universalien.[42]

Deshalb postuliert er, was er die **Welt der Ideen *(kosmos noetos)*** oder die intelligible Welt oder den supracelestialen Ort nennt. Die sinnliche Welt ist nur eine Kopie oder Nachahmung davon.

(...) Jede Vielheit von Individuen, die einen gemeinsamen Namen besitzt, hat auch ihre entsprechende Idee oder Form. Diese Form ist das Universale, die gemeinsame Natur oder Eigenschaft, die im Begriff erfasst wird, zum Beispiel die Schönheit. Es gibt viele schöne Dinge, aber wir bilden einen einzigen universellen Begriff von der Schönheit selbst: Und Platon behauptete, dass diese universellen Begriffe nicht nur subjektiv sind, sondern dass wir in ihnen objektive Wesenheiten erfassen.[43]

In der Welt der Ideen finden wir die Formen oder Wesen von allem, was existiert. Idee ist dasselbe wie Form, dasselbe wie Wesen.

Die Ideen haben, wie wir wissen, metaphysischen Charakter, weil sie die perfekte, wahre, authentische Realität repräsentieren, das reine Sein und den Wert. Zweitens sind sie Wesenheiten, das heißt, sie machen die Seienden aus, das, was die Seienden sind, die Sache selbst in ihrem eigenen Sein. Drittens sind sie die Ursache, das Fundament (αρχη) der sinnlichen Dinge. Schließlich stellen sie ihr Ziel, ihr Ende (télos), das Ziel von allem, was ist, ihren Sinn dar. Dies impliziert eine Art Tendenz oder Streben zur Idee, weshalb im Phaidon (75 a-b) gesagt wird, dass alles Sinnliche sein will wie die Idee, sich bemüht, die Idee zu kopieren oder ihr ähnlich zu sein.[44]

Die Welt der Ideen wird von der Idee des Guten geleitet.

(...) Ich würde sagen, dass das Wesentliche von Platons Lehre über die Formen oder Ideen darauf reduziert werden kann: dass das universelle Konzept keine abstrakte Form ist, die ohne Inhalt oder objektive

26

*Beziehungen ist, sondern dass jedem wahren universellen Konzept eine objektive Realität entspricht.*₄₅

Gerechtigkeit, Schönheit und das Gute sind immer Gerechtigkeit, Schönheit und das Gute. Im Gegensatz dazu werden gerechte, schöne oder gute Menschen, auch wenn sie es sind, irgendwann aufhören, es zu sein. Menschen erkennen wir durch die Sinne, Gerechtigkeit, Schönheit und das Gute erkennen wir durch die Vernunft.

*Obwohl sinnliche Dinge und Ideen zwei verschiedene Ordnungen des Seins repräsentieren, besteht dennoch eine Beziehung zwischen ihnen, die Platon als eine Beziehung von Ähnlichkeit, Kopie oder Nachahmung bezeichnet; eine Beziehung, die es uns ermöglicht, bei Anblick gleicher Dinge an Gleichheit zu denken, ähnlich wie wir uns bei Betrachtung eines Freundesporträts an den Freund erinnern, weil zwischen Porträt und Freund Ähnlichkeit besteht. Auf ähnliche Weise ähneln schöne Dinge der Schönheit, gute Dinge dem Guten, gerechte Dinge der Gerechtigkeit usw.*₄₆

Platon erklärt, dass die Seele des Menschen vor seiner Geburt in der Welt der Ideen lebte. Hier erkannte sie alle Ideen an sich selbst (z.B. Gerechtigkeit, Tisch, Schönheit, Stuhl, das Gute, Harfe usw.) in ihrer ganzen Pracht und Reinheit. Bevor der Mensch in die sinnliche Welt (diese Welt) gelangte, musste er den Fluss Lethe (Fluss des Vergessens) überqueren, und dieses Wissen vom Sein, von den Ideen, vergaß er. Dennoch blieb es in seiner Seele latent. Deshalb erinnert er sich bei Anblick schöner Seiende an die Schönheit, beim Kennenlernen guter Menschen an das Gute, beim Wahrnehmen eines Tisches oder Stuhls oder einer Harfe erkennt er sie als solche usw. *Lernen ist nur Erinnern.*

Platon hat jedem Gedanken die Eigenschaften zugeschrieben, die Parmenides dem Sein im Allgemeinen zugeschrieben hat. Für Platon sind Ideen etwas Reales, Dinge. Noch mehr, sie sind metaphysisch real. Er betrachtete die Idee nicht als intrinsisches Element physischer Objekte.

(...) Die sinnliche Welt ist für ihn keine reine Leere, sondern hat ein Zwischensein, unvollkommen; aber trotzdem hat sie etwas Sein. Es ist nicht das wahre Sein, das Unveränderliche und Beständige, das den Ideen entspricht, sondern eine Mischung aus Sein und Nicht-Sein. Es ist eine Kopie oder Nachahmung der Ideen, immer unvollkommen. Zwischen dem vollständigen Sein -den Ideen- und dem absoluten Nicht-Sein befindet sich die Welt des Werdens, die sinnliche Welt, die ist und nicht ist, die teilnimmt, kopiert und von den Ideen abhängt.[47]

Eine Idee ist immer eine. Es gibt viele Ideen, aber jede Idee ist absolut unzerstörbar, unbeweglich, unveränderlich, zeitlos und ewig.

(...) Platon postuliert solche Ideen für alles, was "Sein" hat. Daher gibt es Ideen für alles: Menschen, Tiere, Pflanzen, Materie und auch für menschliche Produkte wie Tisch, Stuhl, Flöte usw. Diese Ideen bilden zusammen die sogenannte Welt der Ideen (kosmos noetos). In der Welt der Ideen befinden sich die Archetypen der sichtbaren Dinge. Unsere Welt entstand als Kopie dieser Archetypen und nimmt an ihnen teil. Diese Teilnahme der sichtbaren Formen unserer Welt an den unsichtbaren, nur durch Denken erfassbaren Archetypen ist für Platon das wesentliche Merkmal aller Dinge und bedeutet eine stärkere Kausalität als jeder Druck oder jede dynamische Kraft, da dies sich nur auf den räumlichen und zeitlichen Bewegung und Wandel bezieht, während die Teilnahme am Archetyp die Essenz des gesamten Seins begründet.[48]

Das wahre Sein wird erkannt, indem man Zugang zur Welt der Ideen erhält. In der sinnlichen Welt erkennen wir das Sein, das den Schwankungen des Werdens unterworfen ist. Es ist eine Mischung aus Sein und Nicht-Sein.

Die Beziehung zwischen Ideen und sinnlichen Dingen und sogar zwischen den Ideen selbst erfolgt durch Teilnahme. Das Ding existiert, indem es an seiner Idee, Form, seinem Modell oder Paradigma teilhat. Im Hinblick auf sinnliche Dinge setzt diese Beziehung voraus, dass ihnen eine niedrigere Realität zugeschrieben wird, eine Art Abnahme des Seins, ähnlich wie

Schatten eine niedrigere und untergeordnete Realität im Vergleich zu den Körpern haben, von denen sie erzeugt werden.[49]

Es stellt sich die Frage, ob die **Teilnahme** bei Platon real oder ideal ist:

Im ersten Fall sind die Ideen Entitäten, die sich auf die Dinge verteilen (einschließlich physisch und räumlich); im zweiten Fall sind sie Modelle der Dinge. Wir neigen zur zweiten Interpretation, ohne zu vergessen, dass Platon die Frage oft dialektisch präsentiert, sodass eine endgültige Entscheidung abenteuerlich wäre.[50]

Die Methode von Platon, um von der sinnlichen Welt auf die Welt der Ideen zuzugreifen, wird **Dialektik** genannt. Diese ermöglicht es uns, das Sein der Seienden zu erkennen und die bloßen Erscheinungen hinter uns zu lassen. Es handelt sich um eine philosophische Aufgabe.

Die Dialektik ist eine Reise vom Werden zum Sein; von der Vielheit zur höchsten Einheit; von der Erscheinung zur wahren Realität.

(...) die Dialektik, durch die der Mensch zur Entdeckung des absoluten Seins gelangt, durch das Licht der reinen Vernunft und ohne jegliche Hilfe der Sinne, bis er schließlich das absolute Gute in intellektueller Vision betrachtet und dort die höchste Grenze der intelligiblen Welt erreicht.[51]

Durch die Dialektik verlassen wir die Schatten und gelangen zum Licht des Seins. Wir erreichen wahre Erkenntnis, die als wissenschaftlich bezeichnet werden kann. Wir erreichen das Gute, die höchste Idee.

Das Wort Dialektik bedeutete in der damaligen Umgangssprache einfach den Dialog, die vernünftige Rede. In der Republik bezieht es sich auf die Kunst des Gesprächs, deren Ziel es ist, eine Idee zu erklären, indem man nach dem zugrunde liegenden Prinzip sucht. Im Sophisten ist es die Technik, sich gewissermaßen in der Welt der Ideen zu bewegen und die Beziehungen zwischen ihnen zu bestimmen, ob sie miteinander verbunden sind oder getrennt sind, ähnlich wie Buchstaben sich mit einigen, aber nicht mit anderen kombinieren; sie werden kombiniert und aufgrund ihrer natürlichen Artikulationen geteilt, ähnlich wie ein guter Tranchierer mit den Stücken umgeht. Je nachdem, ob der Prozess von einer Idee zu den ihr untergeordneten Ideen oder zu den höheren Ideen führt (oder einfach von sinnlichen Fällen zur Idee), wird die Dialektik in der Zerlegung (διαιρεσις - diáiresis) oder in der Kombination (συναγωγη) oder Synthese hervorgehoben, die absteigende oder aufsteigende Dialektik.[52]

Platon illustrierte seine erkenntnistheoretische Lehre im Buch VII der *Republik* mit dem berühmten "Höhlengleichnis".

Der Philosoph erklärt, dass wir Menschen uns in einer Situation ähnlich der von Gefangenen befinden, die in einer unterirdischen Höhle gefangen sind und an einer Bank festgebunden sind. Dadurch können sie sich niemals umdrehen und sehen nur die Schatten an der gegenüberliegenden Wand, die durch Kopien der Dinge erzeugt werden, die in der Welt unter der Sonne existieren. Diese Schattenwelt erscheint ihnen als die einzige und wahre Realität. Wenn sie jedoch aus der Höhle ins Sonnenlicht treten würden, würden sie Schwierigkeiten haben zu glauben, dass dies die wahre Welt ist.[53]

Die Höhle ist unsere Welt der Erscheinungen, der Phänomene. Wir glauben, dass wir das Sein der Dinge kennen, aber wir nehmen nur Schatten der wahren Seienden wahr. In der Höhle herrscht das sinnliche Wissen. Um die Wahrheit, die Realität, das Sein der Seienden zu erkennen, muss man aus der Höhle herauskommen. Außerhalb der Höhle haben wir das wahre Wissen. Dort befinden sich die Ideen, das heißt die Urbilder, die Wesenheiten der Seienden. Herauszukommen ist eine mühsame Aufgabe, die Bildung erfordert.

Also muss letztendlich jede Erziehung eine philosophische Art zu leben sein: die Betrachtung der Wesen der Dinge. Diese Betrachtung ist eine Aufgabe, die kein Ende hat, da die Realitäten immer auf höhere Formen des Seins gestützt sind, sich immer mehr miteinander verweben, und es somit unmöglich ist, auf einmal all ihre Hintergründe und tiefen

Verbindungen zu sehen, das heißt die ganze Wahrheit der Idee. Platon gibt dieser Aufgabe den Namen Dialektik. Wer sie nicht besitzt, wird nicht zu den wahren Verbindungen des Seins gelangen, er wird an der schönen Erscheinung haften bleiben (...).[54]

4. ARISTOTELES: DAS SEIN UND DIE SEIENDEN

Kurze Biografie

Aristoteles wurde im Jahr 384/3 v. Chr. in Stagira in Thrakien (Mazedonien) geboren. Deshalb wird er oft als *Der Stagirit* bezeichnet.

Im Alter von siebzehn Jahren ging er nach Athen, um zu studieren, und im Jahr 368/367 v. Chr. wurde er Mitglied der Akademie. Er war zwanzig Jahre lang Schüler von Platon. Er trat ein, als Platons Dialektik sich in der letzten Phase ihrer Entwicklung befand und der religiöse Trend in seinem Geist an Bedeutung gewann.

Im Jahr 343/342 v. Chr. wurde ihm von Philipp II. von Mazedonien die Erziehung seines dreizehnjährigen Sohnes Alexander anvertraut. Er war dessen Lehrer, bis Alexander im Jahr 336/335 v. Chr. den Thron bestieg. Zu diesem Zeitpunkt verließ Aristoteles Mazedonien und kehrte nach Stagira, seiner Heimatstadt, zurück.

Er kehrte im Jahr 335/334 v. Chr. nach Athen zurück und gründete eine neue Schule. Sie befand sich nordöstlich der Stadt, im Lykeion, im Bereich des Apollon *Lykeïos*. Es war eine Art Universität mit regelmäßigen Kursen, einer Bibliothek und einem festen Lehrkörper.

Im Jahr 323 v. Chr. starb Alexander der Große. Aus diesem Grund gab es in Griechenland eine Reaktion gegen die makedonische Herrschaft. Aristoteles wurde der Gottlosigkeit angeklagt. Aus diesem Grund floh er aus Athen, *damit die Athener nicht zum zweiten Mal gegen die Philosophie sündigten*, wie es heißt.

Er zog sich nach Chalkis auf Euböa zurück, wo er auf einem Anwesen seiner verstorbenen Mutter lebte. Kurz darauf, im Jahr 322/321 v. Chr., starb er an einer Krankheit.

Kritik an Platon

Aristoteles hielt die platonische Ideenlehre für nutzlos.

Zunächst einmal sind Ideen nichts weiter als eine eitle Duplizierung sinnlicher Seienden. Sie helfen uns nicht dabei, sie zu erkennen. Sie befinden sich nicht einmal in den Seienden, sondern außerhalb von ihnen. Welchen Sinn diese Duplizierung ergibt, ist nicht verstanden. Sie kompliziert unnötigerweise. Wenn man ein Problem lösen oder ein Phänomen mit Hilfe eines einzigen Prinzips erklären kann, gibt es keinen Grund, es mit zwei zu tun. Die einfachere Erklärung ist der komplizierteren vorzuziehen. Warum zwei Welten anstelle von einer?

Zweitens erklären Ideen nicht die Bewegung des Seienden. Sie können keine Veränderung, kein Werden oder Aussterben erklären. Ideen sind unbeweglich, und die Seienden dieser Welt, die angeblich ihre Kopien sind, sollten auch unbeweglich sein. Dennoch bewegen sie sich. Die Frage ist also, woher kommt diese Bewegung, und wie und warum produziert die Idee einer gegebenen Sache diese konkrete und einzelne Sache, die wir mit unseren Sinnen wahrnehmen?

Drittens erklärt Plato unzureichend das Verhältnis zwischen der sinnlichen Welt und der Welt der Ideen. Er sagt, dass sinnliche Dinge Kopien intelligibler Dinge sind. Sie nehmen an ihnen teil. Aristoteles hält Ausdrücke wie "Teilnahme", "Kopie" und "Modell" jedoch nur für literarische Bilder, antiphilosophische Metaphern. Er glaubt, dass Plato an der Welt der Mythen festhielt, die dem rationalen und wissenschaftlichen Denken vorausging. Dabei versagt er in seinem Erklärungsversuch. Er erklärt nichts.

Viertens führt er die Kritik des sogenannten "Dritten Mann-Arguments" aus. Nach Plato wird die Ähnlichkeit zwischen zwei Seienden dadurch erklärt, dass sie beide an derselben Idee teilnehmen. Zum Beispiel sind Louis und Sergius ähnlich, weil sie beide an der Idee des Menschen teilnehmen. Es gibt jedoch auch eine Ähnlichkeit zwischen Louis und der Idee des Menschen. Dann müsste man eine neue Idee (den "dritten Mann") annehmen, an der Louis und die Idee des Menschen teilnehmen und ihre Ähnlichkeit erklären. Dabei geraten wir in eine unendliche Reihe, in der nichts erklärt wird. Die Erklärung wird aufgeschoben und das Problem bleibt für immer offen.

Dennoch hat Aristoteles Übereinstimmungen mit seinem Lehrer.

In diesem Sinne ist es erwähnenswert, dass Aristoteles Formen in den Seienden erkennt. Sie sind die platonischen Ideen. Diese Formen befinden sich nicht in einer anderen Welt, sondern in dieser. Sie sind wie Ideen, die Wesenheiten sinnlicher Dinge, sinnlicher Seienden. Er macht sie nicht zu unabhängigen Realitäten, sondern sie bilden eine einzige Realität mit den Seienden. Und er behauptet, dass diese Formen, diese Wesenheiten, das einzige mögliche Objekt wahren Wissens sind. Unser Denken richtet sich auf sie. Nur die Vernunft erfasst sie. Jedes Seiende hat seine Form. Wie bei Plato hatte jedes Seiende seine Idee. Aber die Form ist in dieser Welt und wird im Seienden entdeckt. Sie ist es, die dem Seienden das Sein verleiht.

"Der Ausdruck 'Sein' wird in vielen Bedeutungen verwendet"

Im vierten Buch seiner *Metaphysik* erkennt Aristoteles die Vieldeutigkeit des Begriffs "Sein" in seinen verschiedenen Verwendungen und Anwendungen. Er sagt, dass das Sein in vielen Sinne verstanden wird, aber diese unterschiedlichen Bedeutungen beziehen sich auf dasselbe Ding und dieselbe Natur.

Der Begriff "Sein" wird in verschiedenen Bedeutungen verwendet, aber in Bezug auf eine zentrale Idee und ein bestimmtes Merkmal, und nicht einfach als eine gemeinsame Bezeichnung. So wie der Begriff "gesund" immer auf Gesundheit bezogen ist (entweder um sie zu bewahren, um sie zu erzeugen, um sie anzuzeigen oder um sie aufzunehmen), [1003b] und wie "medizinisch" sich auf die Kunst der Medizin bezieht (entweder als Besitz der Kunst, als natürliche Eignung dafür oder als Funktion der Medizin) - und wir werden feststellen, dass andere Begriffe ähnlich verwendet werden - so wird "Sein" in verschiedenen Sinne verwendet, aber immer in Bezug auf ein Prinzip. Denn manche Dinge werden als "seiend" bezeichnet, weil sie Substanzen sind; andere, weil sie Modifikationen von Substanz sind; andere, weil sie ein Prozess in Richtung auf Substanz sind, oder Zerstörungen oder Entbehrungen oder Qualitäten von Substanz, oder produktiv oder erzeugend von Substanz oder von Begriffen, die sich auf Substanz beziehen, oder Verneinungen bestimmter dieser Begriffe oder von Substanz. (Daher sagen wir sogar, dass das Nicht-Sein Nicht-Sein ist).[55]

Das Sein hat also keinen eindeutigen Begriff, sondern einen mehrdeutigen. Diese Mehrdeutigkeit impliziert jedoch keine Mehrdeutigkeit. Die verschiedenen Bedeutungen von Sein oder dessen, was ist, erhalten ihre Einheit durch ihre gemeinsame Bezugnahme auf etwas Einheitliches:

- **Die Bezugnahme** auf eine gemeinsame Sache im Bereich des Realen

- **Die Bezugnahme** auf eine gemeinsame Vorstellung oder Bedeutung im Bereich der Sprache.

Daher spricht Aristoteles in der *Metaphysik* von der Bezugnahme des Seins oder des Seienden *auf eine einzige Natur* oder ein einziges Prinzip. Diese einheitliche Bezugnahme, auf der Aristoteles die Ontologie begründet, ist die **Substanz *(ousía)*.**

Die Metaphysik befasst sich daher mit dem Sein und untersucht es vor allem in der Kategorie der Substanz, nicht in der Kategorie des "akzidentellen Seins", das kein Gegenstand der Wissenschaft ist (und auch nicht in seinem Aspekt als Wahrheit, da Wahrheit und Falschheit nur im Urteil existieren und nicht in den Dingen selbst).[56]

So wird klar, dass, obwohl das Sein auf viele Arten gesagt wird, diese Arten auf zwei grundlegende reduziert werden:

-Die Art des "an sich" *(in se)* oder der Substanz

-Die Art des "in einem anderen" *(in alio)* oder der Akzidenzien

Die Substanz, von der die Rede ist, ist die sogenannte **erste Substanz**, das individuelle und konkrete Seiende, die sinnliche Sache, das letzte Subjekt jeder möglichen Prädikation, denn es kann nur Subjekt und niemals Prädikat eines Satzes sein. Dieses Konzept der Substanz steht im Gegensatz zum platonischen Ideenbegriff. Die platonische Idee ist universell, abstrakt und intelligibel (nicht sinnlich).

Das Sein, im ursprünglichen Sinne, ist nicht die Idee, sondern die konkrete, sinnlich wahrnehmbare Einzelsache, die sogenannte "erste Substanz" (substantia prima); zum Beispiel Sokrates oder irgendein "Dieses" der lebenden oder toten Natur sowie der technischen und künstlerischen Sphäre. Die platonische Idee ist etwas Allgemeines, Übersinnliches und Geistiges, das sich anbietet, die Vernunft dieser unserer sinnlichen, räumlichen und zeitlichen Welt zu erklären, so dass unsere reale Welt durch die Gnade der Idee leben kann. Aristoteles denkt genau andersherum: Zuerst existiert diese räumliche und zeitliche Welt, und sie existiert als eine Welt konkreter Einzeldinge. Das ist es, was die eigentliche Realität bildet, und die Idee lebt nur durch die Gnade dieser räumlichen und zeitlichen Realität. Was Platon als wahres Sein betrachtete, ist nach Aristoteles reiner Gedanke, Idee, das später als das Universale (Universalbegriff) bezeichnet wird, das Platon nur als bloße Kopie dieser unserer irdischen Welt fand. Daher bedeutet dies Konkrete, und nichts anderes als dies, "Sein" im eigentlichen Sinne. Und dies ist für Aristoteles die Realität. Für Platon war die Realität die Idee.[57]

Deshalb akzeptiert Aristoteles in seinem Werk *Kategorien* nicht, dass Universalien oder Gegenstände der mathematischen Wissenschaft Substanzen sind. Er bezeichnet sie als **zweite Substanzen** oder Substanzen in einem sekundären und abgeleiteten Sinne.

Die Bezugs- oder Einheitsreferenz (pros hén), auf der Aristoteles seine Ontologie gründet, beinhaltet von Natur aus die Betrachtung des Kategorienschemas als grundlegende Matrix der Bedeutungen des Verbs "sein" und somit als grundlegende Klassifizierung der verschiedenen Arten von Realität. Einerseits haben wir die Entität (Substanz), *die in der ersten und grundlegenden Kategorie ausgedrückt wird. Andererseits haben wir die zufälligen Bestimmungen der Entität* (Substanz) *wie Menge, Qualität usw., die durch eine Vielzahl von Prädikaten* (Akzidenzien) *ausgedrückt werden. Diese Prädikate sagen nicht, was etwas ist, sondern geben Auskunft darüber, in welcher Größe, mit welchen Eigenschaften, wo, wann usw. sich die Entität* (Substanz) *befindet, auf die sie sich beziehen.*[58]

Die Prinzipien des Seienden

Aristoteles nennt die vier Prinzipien des Seienden:

1.Die Materie
2.Die Form
3.Der Beginn der Bewegung und
4. Der Zweck

Die Materie ist das Unbestimmte, das passive Prinzip, der Inhalt oder das Material, aus dem das Seiende besteht. Diese Bestimmung erhält sie von der Form.

Die Form bestimmt, das aktive Prinzip, das "Was" des Seienden. Sie formt es, das heißt, sie verleiht der Materie eine Form. Indem sie dies tut, macht sie die Materie zu dem, was sie jeweils ist. Die Form nennt Aristoteles auch die **zweite Substanz**.

Wenn sich die Form mit der Materie verbindet, wird sie individualisiert. Das heißt: Die Materie ist das Prinzip der Individualisierung. Individuum zu sein setzt voraus, informierte Materie zu sein.

Die Materia, über den wir sprechen, verdient es, als **zweite Materie** bezeichnet zu werden, da es lediglich eine relative Materie ist.

Das eigentliche und absolute Konzept der Materie ist die **erste Materie** oder *materia prima*, die Aristoteles als das bezeichnet, *was nicht als Substanz oder Menge oder als eine der anderen Kategorien* bezeichnet werden kann. Die erste Materie ist absolut unbestimmt.

(...) Die Metaphysik von Materie und Form, der sogenannte Hylemorphismus, ist weit mehr als nur eine Theorie der Struktur der Materie: Sie ist eine Philosophie des Seins und zielt auf eine Priorität der Form gegenüber der Materie ab, ohne dabei das Denken in das Ganze und in das Sein selbst zu verwandeln.[59]

Wir sagten, dass das dritte Prinzip der **Beginn der Bewegung** ist. Ohne dieses Prinzip könnten Veränderung, Wandel und Bewegung als solche nicht gedacht werden. Hier tritt die aristotelische Lehre von Akt und Potenz auf. Die Bewegung ist nichts anderes als der Übergang vom Sein im Akt zum Sein in Potenz. Das Seiende "Kind-Mensch" verändert sich im Laufe der Jahre und wird zum "Jugendlichen-Menschen" und dann zum "Erwachsenen-Menschen". Es war Kind im Akt, Jugendlicher in Potenz. Dann Jugendlicher im Akt und Erwachsener in Potenz. Es war immer dasselbe Seiende (dieselbe Substanz, die sich nicht verändert), aber es hat sich tatsächlich verändert, ist gealtert (die Akzidenzien des Seienden sind es, die sich verändern). Der Akt ist immer dem Potenzial vorangestellt. Es handelt sich nicht um eine Bewegung vom Nicht-Sein zum Sein, denn aus dem Nicht-Sein, aus dem Nichts, kann nichts entstehen. Es handelt sich um eine Bewegung vom Sein zum Sein; von der Substanz, die Sache auf eine bestimmte Weise zu sein, zu derselben Substanz mit unterschiedlichen Akzidenzien.

Aristoteles antwortet Parmenides mit der Unterscheidung zwischen Potenz und Akt. Parmenides behauptete, dass Veränderung unmöglich ist, weil das Sein nicht aus dem Nicht-Sein (aus dem Nichts entsteht nichts) stammen kann, noch kann es aus dem Sein stammen (denn das Sein ist bereits). Daher könnte das Feuer nicht aus der Luft stammen, denn die Luft ist Luft und kein Feuer. Daraufhin würde Aristoteles erwidern, dass das Feuer nicht aus der Luft als Luft stammt, sondern als Luft, die sich in

Feuer verwandeln kann, obwohl sie es noch nicht ist, stammt es aus der Luft, die das Potenzial hat, sich in Feuer zu verwandeln. Abstrakt ausgedrückt: Etwas kommt ins Sein aus seiner Entbehrung heraus. Und wenn Parmenides einwenden würde, dass dies bedeutet, dass etwas aus dem Nicht-Sein ins Sein kommt, würde Aristoteles antworten, dass dieses Etwas, nach seiner Auffassung, nicht aus seiner reinen Entbehrung ins Sein kommt, sondern aus seiner Entbehrung in einem Subjekt. Wenn jemand, indem er Parmenides' Position einnimmt, darauf hinweist, dass in diesem Fall etwas aus dem Sein stammt, was einen Widerspruch impliziert, würde Aristoteles darauf antworten, dass es nicht aus dem Sein stammt, gerade weil es Sein ist, sondern aus dem Sein, das auch Entbehrung ist, da es nicht die Sache ist, das Etwas, das werden soll. So wird der Einwand von Parmenides widerlegt, indem man auf die Unterscheidung zwischen Materie, Form und Entbehrung zurückgreift oder (besser und allgemeiner) zwischen Akt, Potenz und Entbehrung.[60]

Das vierte Prinzip ist der **Zweck**. Es kann definiert werden als dasjenige, durch das etwas geschieht. Aristoteles ist der Ansicht, dass in der Welt alles mit einem Endzweck geschieht. Endzwecke existieren nicht nur für den Menschen, sondern auch in der Natur. Er würde sagen, dass in jedem Werden die Materie nach der Form strebt. Das bedeutet, dass die Aktualität nach der Potenz strebt. Bewegung und Veränderung zielen immer auf ein Ziel ab.

Die teleologische Vorstellung des Seins ist bei Aristoteles so ausgeprägt, dass der Endzweck bereits im Begriff einer Sache enthalten ist. Die Entität (...) einer Sache ist ein Werden in Bezug auf etwas, was bedeutet, dass es bereits den Endzweck in sich selbst enthält, was Aristoteles als "Entelechie" bezeichnet (...). Die aristotelische Entelechie existiert nicht nur in der lebendigen Sphäre, sondern alles, was ist, auch in der unbelebten Sphäre, wird als Entelechie betrachtet. Deshalb konnte Aristoteles paradox formulieren: Das Vollendete liegt nicht am Ende, sondern am Anfang.[61]

Die Arten der Veränderung im Seienden

Bei Aristoteles hat der Begriff Bewegung einen weiten Sinn. Er ist gleichbedeutend mit Veränderung. Daher unterscheidet er vier Arten der Veränderung in den Seienden:

1-Entsprechend der Substanz. Wir unterscheiden *generatio et corruptio*: Generation und Korruption

2-Entsprechend der Quantität. Wir unterscheiden *incrementum et decrementum*: Zunahme und Abnahme

3-Entsprechend der Qualität. Wir unterscheiden *mutatio*: Alteration

4-Entsprechend dem Ort. Wir unterscheiden *translatio*:Translation.

So gibt es (...) **1)***Substanzielle Veränderung oder Bewegung, durch die eine Substanz ins Sein kommt, erscheint, geboren wird; oder umgekehrt, zerstört, korrupt oder stirbt: Generation und Korruption; zum Beispiel die Geburt eines Kindes oder der Tod des alten Mannes; oder die Erschaffung einer Statue oder ihre Zerstörung. Die anderen drei Arten sind akzidentelle Veränderungen:* **2)***Quantitative Veränderung: Zunahme oder Abnahme, wie zum Beispiel das Wachstum einer Pflanze.* **3)***Qualitative Veränderung oder Alteration, wie z.B. die Veränderung der Haarfarbe.* **4)***Lokale Veränderung oder Bewegung am Ort (was wir gemeinhin "Bewegung" nennen).*62

Die Lehre von den vier Ursachen

Aristoteles erklärt seine Lehre von den vier Ursachen weiterführend zur Veränderung oder Bewegung. Jede Veränderung oder Bewegung hat eine Ursache. Und jede Wissenschaft, die als "wissenschaftlich" angesehen werden möchte, muss die ersten Ursachen der Fakten kennen. Für Aristoteles besteht die Wissenschaft im Wissen durch die Ursachen.

Am Anfang von Buch I, Kapitel 3 seiner *Metaphysik* erläutert Aristoteles seine Klassifikation, die wie folgt aussieht:

Es ist offensichtlich, dass wir die Wissenschaft von den ersten Ursachen konzipieren müssen (wir sagen natürlich, dass wir etwas wissen, wenn wir glauben, die erste Ursache zu kennen). Aber von "Ursachen" wird in vier Sinne gesprochen (...) Eine Ursache sagen wir ist die Entität, das heißt die Essenz (denn das Warum reduziert sich letztlich auf die Definition, und das erste Warum ist Ursache und Prinzip; das zweite ist die Materie, das heißt das Subjekt; das dritte ist, woher der Anfang der Bewegung kommt; und das vierte ist die Ursache, die der letzteren entgegengesetzt ist, das heißt das Gute (das ist natürlich das Ziel, auf das die Generation und die Bewegung abzielen).[63]

Wenn auch der Text an einigen Stellen etwas undeutlich ist, unterscheidet Aristoteles Folgendes:

1-Formale Ursache. Es ist die Form, die der Spezies eines jeden Seienden entspricht. Sie bestimmt es und macht es zu dem, was es ist. Nehmen wir das Beispiel des Gegenstands Tisch, seine formale Ursache ist diejenige Form, die den Tisch zum Tisch und nicht zum Stuhl macht.

2-Materielle Ursache. Es ist die Materie als unbestimmtes Substrat. Im Falle des Gegenstands Tisch ist es das informierte Holz (nehmen wir an, der Tisch ist aus Holz).

3-Effiziente Ursache. Das ist das, woraus der Beginn der Bewegung kommt. In unserem Beispiel wurde der Holztisch vom Tischler Josef gebaut, der seine effiziente Ursache ist.

4-Finale Ursache. Das ist das, wofür die Bewegung stattfindet. In unserem Beispiel hat Josef sich bewegt, um Holz zu formen und einen Tisch zu bauen. Mit anderen Worten, der Tisch ist die finale Ursache der eingeleiteten Bewegung.

Letztendlich reduzieren sich die vier Ursachen auf zwei, Form und Materie: Die Materie als unbestimmtes Substrat und die Form als Grundlage für alle Bestimmungen (des Seins, der Orientierung oder des Ziels und des Beginns der Veränderung). (Beachten Sie, dass wir in unserer heutigen Sprache fast ausschließlich im Sinne der effizienten Ursache von "Ursache" sprechen, wie wenn wir sagen, dass "Hitze die Ursache der Ausdehnung des Metalls ist").[64]

Der unbewegte Erste Beweger

Nach Aristoteles wird alles, was sich in Bewegung befindet, von einem anderen bewegt. Und das auf zwei Arten:

-Das andere kann von einem anderen bewegt werden, und dieses wiederum von einem anderen, und so weiter.

Oder:

-Das andere wird nicht mehr von einem anderen bewegt.

In diesem letzten Fall wären wir zu einem **Ersten unbewegten Beweger** gelangt: ein Seiende, das bewegt, ohne selbst bewegt zu werden.

Jede Bewegung, jeder Übergang von Potenz zum Akt, erfordert ein Prinzip im Akt; aber wenn alles Werden, alles Objekt, das sich bewegt, einen tatsächlichen Grund für die Bewegung erfordert, dann muss auch die Welt im Allgemeinen, das gesamte Universum, einen Ersten Beweger haben.[65]

In der sinnlichen Welt unterliegen die Dinge dem Wandel. Nun ist das Sinnliche, das heißt das Materielle, immer zugleich etwas in Potenz (Materie ist Potenzialität), und das Potenzielle kann sich nur bewegen, wenn seine Potenzialität aktualisiert wird. Aber dafür benötigt das Potenzielle etwas Aktuelles, das es bewegt, und dieses Aktuelle benötigt wiederum etwas anderes, das es von der Potenz zum Akt gebracht hat, usw. Und da diese Serie kein Ende hätte und daher keine Ursache hätte, muss es notwendigerweise einen unbewegten Ersten Beweger geben, das heißt etwas, das immer im Akt ist.[66]

Erster Beweger. "Erster" darf nicht im zeitlichen Sinne verstanden werden. Denn für Aristoteles ist die Bewegung ewig: Sie zu beginnen oder zu beenden würde selbst eine Bewegung erfordern. Es sollte eher im Sinne von "Höchster" verstanden werden: Der Erste Beweger ist die ewige Quelle der ewigen Bewegung. Er ist nicht an die Zeit gebunden, denn die Zeit ändert sich, während der Erste Beweger sich nie ändert.

Wie bewegt der Erste Beweger? Durch Anziehung zu sich selbst. Als Objekt der Wünsche. *Er bewegt wie das Objekt der Liebe.* Er wirkt als finale Ursache der Seienden. Er bewegt nicht als effiziente Ursache. Wenn er das täte, würde er sich selbst verändern. Aber er kann sich nicht verändern. Er ist reine Aktualität. In ihm gibt es keinen Übergang von Potenz zum Akt, denn sonst würde er sich bewegen. Und wir stimmen überein, dass der Erste Beweger unbewegt ist.

Daher stehen wir vor etwas, das nicht mehr von einem anderen abhängt, sondern völlig von sich selbst abhängig ist (ens a se), das keine Potenz mehr hat, die überwunden werden muss, um zur Existenz zu gelangen, sondern reine Aktualität oder Realität (actus purus) ist und aus diesem Grund auch notwendig und ewig existiert.[67]

Dieser unbewegte Erste Beweger ist für Aristoteles Gott.

Der aristotelische Gott ist kein schöpferischer Gott. Die Welt existiert von Ewigkeit her, ohne dass jemand sie geschaffen hat. Gott formt die Welt. Und er formt sie, indem er die Quelle der Bewegung ist. Indem er auf die Seienden eine solche Anziehung ausübt, dass sie sich zu ihm hinbewegen.

Der aristotelische Gott ist immateriell, da Materie die Möglichkeit hat, passiv und veränderlich zu sein. Er ist reiner Geist. Reines Denken. Seine Aktivität besteht nur im Denken. Und er denkt an nichts anderes als an sich selbst, denn sonst würde er vom gedachten Objekt abhängen, und er ist sich selbst genug. Aber wir müssen auch hinzufügen, dass seine Gedanken auf das Höchste, das Würdigste, nämlich auf sich selbst ausgerichtet sind. Er denkt also an sich selbst, weil er das Beste ist. Er kann nicht das Denkobjekt ändern, denn dies würde eine Bewegung bedeuten. Und er ist unbewegt. Gott ist das Denken des Denkens. Sein ganzes Leben und Glück besteht in dieser ständigen Selbstbetrachtung. Er beschäftigt sich mit nichts anderem.

Die Natur Gottes beschreibt Aristoteles als reines Sein, als Geist und Leben. "Leben" bedeutet, dass man sich selbst bewegt. Die höchste Form dieses Selbstseins ist der Geist, der ständig denkt und sich selbst denkt, da er das Vollkommenste ist und nichts außerhalb von sich selbst braucht. Aber jedes andere Wesen außerhalb dieses vollkommensten Wesens braucht dieses ens a se; es ist aus Gründen eines anderen (ens ab alio), kommt vom Vollkommensten, hat in ihm seine Grundlage und wird von ihm verursacht. Aristoteles drückt es so aus: Gott ist das Sein, die Realität, die Substanz schlechthin; alles andere ist nur "etwas, das ist", das heißt, es hat das Sein erhalten, es hat Anteil am Sein selbst, es reproduziert es, entfaltet es, aber immer nur fragmentarisch und begrenzt in individuellen Formen. Gott hingegen ist das Sein dessen, was ist, die Realität des Realen, die Form der Formen.[68]

Zweiter Teil

Das Sein bei Sankt Thomas

5. ARISTOTELES UND SANKT THOMAS

Mit Aristoteles erreicht die antike Philosophie, zumindest in gewisser Hinsicht, ihre konzeptionell am weitesten entwickelte Form. Und so bleiben seine Hauptmotive bis in unsere Zeit erhalten, nicht als mehr oder weniger entferntes Erbe oder impliziter Hintergrund, sondern ausdrücklich, zum großen Teil wortwörtlich, durch die thomistische Philosophie.[69]

Der Zeitraum der literarischen Tätigkeit des hl. Thomas umfasst nur zwanzig Jahre seines Lebens.

In dieser Zeit entwickelte der hl. Thomas nicht nur theologische, sondern auch philosophische Arbeit. Es ist sehr verbreitet, sein philosophisches Werk als unwesentlich einzuschätzen.[70] Meiner Meinung nach ist diese Art der Einschätzung nicht nur voreingenommen, sondern auch falsch.

Wie Gilson treffend bemerkt, war das Problem für den hl. Thomas nicht, wie man die Philosophie in die Theologie einführt, ohne die Essenz und Natur der Philosophie zu verderben, sondern wie man die Philosophie einführt, ohne die Essenz und Natur der Theologie zu verderben.[71]

Der hl. Thomas war ein Philosoph. Wir werden später seine originalen Beiträge sehen. Es ist wahr, dass er auch ein Theologe war und seine Philosophie im Dienste der katholischen Offenbarungstheologie stand. Aber es ist lächerlich, seine Reflexionen von ihrer ursprünglichen metaphysischen Dimension zu berauben.

Nach dem hl. Thomas gibt es streng theologische Wahrheiten, die nur durch Offenbarung bekannt sind; philosophische Wahrheiten, die nicht offenbart wurden; und Wahrheiten, die sowohl theologisch als auch philosophisch sind und offenbart wurden, aber auch vernünftig zugänglich sind. (...) Die streng theologischen Wahrheiten oder, wenn man so will, die nur offenbarten Wahrheiten müssen vom Philosophen als "Glaubensartikel" akzeptiert werden, aber im Gegensatz zu denen, die den "paradoxen" und sogar "absurden" Charakter solcher Wahrheiten betonen, neigt der hl. Thomas dazu, die Möglichkeiten der philosophischen Vernunft maximal auszuschöpfen. Laut dem hl. Thomas kann es keine Unvereinbarkeit zwischen Glauben und Vernunft geben.[72]

Lassen Sie uns auch die "Chronolatrie" (aus dem Griechischen: *Chronos* - Zeit) beiseite lassen, die unsere Postmoderne so liebt. Jetzt ist alles Neue wahr und alles Alte ist falsch, weil es alt ist. Moden regieren das Denken. Die Zivilisation verliert den originalen klassischen Beitrag. Stattdessen hören wir auf Besserwisser, die dasselbe wiederholen, was Heraklit oder Parmenides vor zweitausend Jahren gesagt haben, als wären es originelle Gedanken. Schlimmer noch, sie machen es mit denselben Fehlern wie damals. So steht es um uns.

In der Philosophie ist Thomas der beste Kenner von Aristoteles im Mittelalter. Basierend auf der getreuen Übersetzung von Wilhelm von Moerbeke hat er einen sehr großen Teil von Aristoteles' Werk kommentiert, der zugleich der wichtigste Teil des aristotelischen Werkes ist. Wie Tolomeo von Lucca sagt, hat er dies auf eine "völlig einzigartige und neue Weise" getan. Die Kommentare des Aquinaten zu Aristoteles zielen darauf ab, den sehr verworrenen Prozess der Ideen des Stagiriten in eine klare und leuchtende Darstellung umzuwandeln.[73]

Es gibt eine Geringschätzung der Wahrheit in der philosophischen Aufgabe. Besser gesagt: Es gibt eine Verleugnung, dass die Wahrheit erkannt werden kann. Von dort ist es nur ein Schritt zur gelehrten Geschwätzigkeit.

Das metaphysische Wissen wurde vernachlässigt. Wir bewegen uns zwischen Meinungen, Hypothesen, Einfällen und auch großen Absurditäten. Es scheint eine unausgesprochene Konkurrenz zu geben, wer den größten Unsinn unter dem Deckmantel der Originalität sagt. Das Sein ist nicht mehr der Mittelpunkt der Reflexion. Es wurde durch Beliebigkeit ersetzt. Die Folgen sind offensichtlich.

Der hl. Thomas hat keine systematische Darstellung seiner Philosophie verfasst, die, wie wir im Kapitel 1 des Buches II dieser Arbeit erklärt haben, als *Philosophie des Seins* bezeichnet werden kann.

Die Philosophie des hl. Thomas ist im Wesentlichen realistisch und konkret. Man sollte nicht in den Anachronismus verfallen und in ihr Antworten auf

Fragen suchen, die von späteren philosophischen Schulen gestellt wurden.

Die von ihm vorgenommenen Korrekturen am Werk des Stagiriten haben seinen Wert nicht gemindert, sondern vielmehr den Teil der Wahrheit besser zum Vorschein gebracht, der in diesem Werk enthalten war und was seine Prinzipien virtuell enthielten. Im Allgemeinen ist es ziemlich einfach zu erkennen, ob der hl. Thomas das sagt, was der von ihm erklärte Text aussagt oder nicht. Zumindest ist es ziemlich einfach, dies zu erkennen, wenn man mit den persönlichen Werken des hl. Thomas vertraut ist. Alle Teile von Aristoteles' Werk wurden von ihm kommentiert, obwohl einige Bücher ausgelassen wurden und viele dieser Kommentare unvollständig blieben.[74]

Der engelhafte Doktor schrieb nicht, um Kant oder Hegel zu widerlegen. Er hatte nicht den Subjektivismus der Idealisten im Sinn. Dennoch ist seine Philosophie eine stählerne Haltung gegenüber diesen Denkströmungen.

Das intellektuelle und spirituelle Erscheinungsbild des hl. Thomas wurde auf sehr unterschiedliche Weise beurteilt. Während ihm die Averroisten vorwarfen, er sei nur teilweise aristotelisch, sahen die Augustiner in ihm einen Innovator, der zu stark am Geist, den Prinzipien und der Methode von Aristoteles festhielt. Dieses Urteil tauchte bei Luther sehr übertrieben wieder auf und vor einigen Jahren bei den Modernisten, die behaupteten, dass der hl. Thomas ein christlicher Aristoteliker sei, aristotelischer als christlich.[75]

Seine Metaphysik folgt Aristoteles, erschöpft sich aber nicht in ihm. Der engelhafte Doktor verbindet seinen Aristotelismus mit Beiträgen von Augustinus und durch ihn mit dem Neuplatonismus; Beiträge von Boethius und dem Pseudo-Dionysius; von seinen mittelalterlichen Vorgängern und von jüdischen (vor allem Maimonides) und arabischen Philosophen (Averroes).

Sankt Thomas folgt in vielen wichtigen Punkten dem Denken des hl. Augustinus, sodass man, obwohl man oft von "Thomismus" als einem in vielerlei Hinsicht vom "Augustinismus" verschiedenen Weg spricht, nicht sagen kann, dass der hl. Thomas nicht weitgehend "augustinisch" war. Aber in jedem Fall ist die Denkweise - einschließlich der Art zu sprechen - des Thomismus deutlich unterschiedlich von der augustinischen Denkweise. Bei hl. Augustinus dominiert die "Ordnung des Herzens", bei hl. Thomas, zumindest als Philosoph und Theologe, dominiert die "intellektuelle Ordnung".[76]

Vor allem dürfen wir nicht vergessen, dass Thomas Christ und Theologe war. Daher ist seine ganze metaphysische Reflexion auf den Gott der biblischen Offenbarung ausgerichtet und nicht auf den unbewegten ersten Beweger des Aristoteles.

(...) er war kein blinder Verehrer des Aristoteles, der Augustinus zugunsten des heidnischen Denkers verwarf. In der Theologie folgte Thomas natürlich den Spuren von Augustinus, obwohl seine eigene Annahme der aristotelischen Philosophie als Instrument ihm ermöglichte, theologische Lehren systematisch zu systematisieren, zu definieren und logisch zu argumentieren, was der augustinischen Haltung fremd war.[77]

Für der engelhafte Doktor reicht philosophisches Wissen nicht aus, um die Wahrheit zu erreichen. Es bedarf der offenbarten theologischen Reflexion. reicht philosophisches Wissen nicht aus, um die Wahrheit zu erreichen. Es bedarf der offenbarten theologischen Reflexion.

Ein großer Teil der Philosophie des hl. Thomas besteht zweifellos aus der Lehre des Aristoteles, aber es ist die Lehre des Aristoteles, die von einem mächtigen Verstand neu durchdacht wurde, nicht sklavisch übernommen. Der hl. Thomas hielt die philosophischen Prinzipien des Aristoteles für wahr und nützlich, weil sie wahr sind; er hielt sie nicht für "wahr", weil sie nützlich waren.[78]

6. EPISTEMOLOGIE

Thomistische These XIX. *Wir empfangen die Erkenntnis also von den sinnlich wahrnehmbaren Dingen. Da aber das sinnlich Wahrnehmbare nicht „actu" [d.h. nur der Möglichkeit nach] vernünftig erkennbar ist, ist außer dem formal erkennenden Verstand in der Seele eine aktive Kraft anzunehmen, die die vernünftig erkennbaren Gehalte von der Sinnesvorstellung abstrahiert.*

Die Erkenntnis ist ein faszinierendes Phänomen, das es uns ermöglicht, unser Verständnis über uns selbst hinaus auszudehnen, indem wir an der Natur anderer teilhaben und sie erleben. Als lebende Wesen gehören wir zu einer der vier Gruppen, die Aristoteles identifiziert hat: diejenigen, die nur ernähren, diejenigen, die auch fühlen, diejenigen, die sich nach dem Ort bewegen, und schließlich diejenigen, in denen sich das Denken manifestiert.

Jedoch geht Erkenntnis über einfache Ernährung oder die Fähigkeit zu fühlen und sich zu bewegen hinaus. Sie impliziert eine tiefe Verbindung zwischen dem Subjekt und dem Gegenstand der Erkenntnis. Durch diese Verbindung kann der Erkennende an der Form eines anderen Dinges teilhaben und sich damit bereichern, indem er seine eigene Natur erweitert. In diesem Sinne verwandelt sich die Seele in das erkannte Ding und handelt entsprechend seiner Form.

Der Akt des Erkennens ist keine isolierte Tätigkeit, sondern beinhaltet eine Interaktion zwischen dem Subjekt und dem Objekt. Das Subjekt, sei es der Verstand oder die Sinne, muss in der Lage sein, das Erkenntnisobjekt aufzunehmen, ohne dabei seine Identität zu verlieren. Durch diese Synthese zwischen dem Ich und dem Nicht-Ich, zwischen dem Subjekt und dem Objekt, wird wahre Erkenntnis erreicht.

Der Erkenntnisprozess beinhaltet den Übergang von der Potenz zur Aktualität, wobei die Erkenntnispotenz zur Erkenntnisaktualität wird. Es ist, als ob der intelligente Vermögensakt vor dem Erkennen eine *tabula rasa* wäre, bereit, die Formen anderer Wesen aufzunehmen und daran teilzuhaben. Diese Teilhabe bedeutet jedoch nicht, dass der Erkennende seine eigene Natur verliert. Im Gegenteil, er ist in der Lage, das Wissen aufzunehmen, ohne seine Essenz zu verändern.

Erkenntnis ermöglicht es uns, über unsere Individualität hinauszugehen und uns mit dem uns umgebenden Universum zu verbinden. Durch diese Synthese zwischen Subjekt und Objekt werden wir aktive Teilnehmer im Gefüge der Realität, ohne unsere eigene Identität zu verlieren. Es ist ein faszinierendes Mysterium, aber auch ein Fenster zu einem tieferen Verständnis und einer Öffnung für neue Perspektiven.

Folglich geht Erkenntnis über bloße Wahrnehmung und Erfahrung hinaus. Es ist ein dynamischer Prozess, der es uns ermöglicht, an der Natur anderer Wesen teilzuhaben und uns durch sie zu bereichern. Durch die Synthese zwischen Subjekt und Objekt können wir unser Sein erweitern und ein tieferes Verständnis der uns umgebenden Welt erreichen.

Der Materialismus, laut Sankt Thomas, wurde von antiken Philosophen wie Empedokles, Heraklit, Diogenes von Apollonia, Hipias, Kritias und vor allem Demokrit vertreten. Diese Philosophen glaubten, dass Erkenntnis auf der Ähnlichkeit zwischen Subjekt und Objekt beruhte, aber ihr Verständnis war begrenzt und sie konnten die wahre Natur der Erkenntnis nicht erfassen.

Der Fehler dieser Philosophen lag darin, die Seele als eine körperliche Zusammensetzung zu betrachten, sei es als Harmonie materieller Eigenschaften oder als Kombination von Organen. Die Seele ist jedoch ein erkennbarer Akt, eine reale Idee, die über materielle Eigenschaften hinausgeht. Ernährung, Empfindung und Erkenntnis sind Beweise dafür.

Es ist wichtig, zwischen den körperlichen Eigenschaften und der Seele zu unterscheiden. Die körperlichen Eigenschaften sind mit materiellen Dispositionen verbunden und sind für das Funktionieren der Seele notwendig, aber Erkenntnis übersteigt die materiellen Eigenschaften und gehört einer höheren Ordnung an. Die Seele ist keine einfache Harmonie von Eigenschaften, sondern ihr Prinzip und überlegen gegenüber ihnen.

Die Frage stellt sich dann, ob wir in den Idealismus verfallen sollten, wenn der Materialismus nicht haltbar ist.

Das moderne Denken neigt zu einem Ansatz, der auf Bewusstsein und internen Phänomenen basiert und idealistische Schlussfolgerungen begünstigt. Die tomistische Position ist jedoch das Gegenteil. Der Ausgangspunkt ist die objektive Intuition, bei der das Objekt dem Subjekt vorausgeht. Erkenntnis bedeutet, ein Anderer zu werden, und das Selbstbewusstsein entsteht durch Erkenntnis. Die Realität des Objekts geht dem Ich im Erkenntnisakt voraus.

Die Lehre von der Erkenntnis nach dem Thomismus

Der engelhafte Doktor entwickelte keine spezifische Erkenntnislehre wie es später die Idealisten tun würden. Genau wie die griechischen Klassiker und die Schulphilosophen vor ihm stellte er nicht die Frage, ob es möglich ist zu erkennen oder nicht. Es war selbstverständlich, dass wir wissen und daher das Seiende der Wesenheiten erfassen können. Daher konnte eine Wissenschaft vom Sein als Sein entwickelt werden. Andernfalls würde die Metaphysik keinen Sinn ergeben.

(...) In Wahrheit ist jede Erkenntnis "Erkenntnis des Seins". Die Erkenntnis kommt nicht aus dem Sein hervor, denn außerhalb des Seins gibt es nichts.[79]

Dennoch gibt es natürlich eine epistemologische Erklärung im Thomismus.

Die allgemeinste Idee der Erkenntnis besteht darin, dass ein Seiende über sich hinausgeht, um an der Natur eines anderen teilzunehmen und sie zu leben. (Sankt Thomas sagt:) "Die Intelligenten unterscheiden sich von den Nicht-Intelligenten dadurch, dass diese nur ihre eigene Form haben, aber der Intelligente ist fähig, an der Form eines fremden Dinges teilzuhaben. Daher folgt, dass die Natur des Nicht-Intelligenten begrenzter, eingeschränkter ist, während die Natur der Intelligenten umfangreicher, weiter ist. Aus diesem Grund hat Aristoteles gesagt, dass die Seele gewissermaßen alle Dinge ist." Von Anfang an stellt Sankt Thomas das Problem der Erkenntnis auf seinen wahren Boden, der das Sein ist.[80]

Der Thomismus geht davon aus, dass der Mensch in der Lage ist zu erkennen und per se die außermenschliche Wirklichkeit erkennt. Wenn etwas den engelhaften Doktor charakterisiert, dann ist es die Objektivität seiner Lehre.

Es wäre vergeblich, in Sankt Thomas eine Epistemologie im Sinne einer Rechtfertigung der Erkenntnis, eines Beweises oder Versuchs eines Beweises der Objektivität der Erkenntnis im Gegensatz zu den subjektivistischen Idealismen dieser oder jener Art zu suchen.[81]

Der Mensch erkennt nur das Seiende im Akt. Wie der engelhafte Doktor in der *Summa Theologica* sagt:

Alles ist erkennbar, insofern es im Akt ist und nicht insofern es in Potenz ist, wie es in IX Metaphysica gesagt wird. Denn etwas ist Sein und Wahrheit, Gegenstand der Erkenntnis, insofern es im Akt ist. Das ist offensichtlich bei sinnlichen Dingen: Das Auge erfasst nicht das Potenziell Bunte, sondern dasjenige, das im Akt bunt ist. Ebenso ist es offensichtlich in Bezug auf das Verständnis, insofern es auf die Erkenntnis der materiellen Dinge ausgerichtet ist, die nur insofern erkannt werden können, als sie im Akt sind; daher ist die Materie an sich nur durch ihre Beziehung zur Form erkennbar, wie es in I Physica gesagt wird. Deshalb sind immaterielle Substanzen durch ihre eigene Wesenheit in dem Maße verständlich, wie ihnen wesentlich zukommt, im Akt zu existieren.[82]

Die Erkenntnis erkennt zwei Arten von Sinnen, die an ihrer Entstehung beteiligt sind:

1-Die auberen Sinne
2-Die inneren Sinne

Die äußeren Sinne erfassen das Sinnliche. Es gibt fünf davon: Sehen, Hören, Tasten, Schmecken und Riechen.

Die Art und Weise, wie Sankt Thomas vorgeht, um jedem Sinn seine eigene Funktion zuzuweisen, zeigt deutlich, dass es sich seiner Meinung nach um eine rationale Klassifizierung handelt und nicht um ein Naturgesetz. Indem er Aristoteles kommentiert, zeigt er, dass die vorgebrachten Argumente für die vermeintliche Unmöglichkeit anderer Sinne rein hypothetisch sind und dass das Gegenteil durch andere Hypothesen vertreten werden kann. Gleichzeitig räumt er ein, dass der Tastsinn als Gattung betrachtet werden kann, unter dem sich seine Arten befinden. Der Sinn für Hitze und Kälte ist nicht derselbe wie der Sinn für Hartes und Weiches oder für Trockenes und Feuchtes. Wenn die Sinnesorgane nicht unterschiedlich wären, läge dies daran, dass diese Eigenschaften den ganzen Körper betreffen, da sie in der Zusammensetzung aller Gewebe enthalten sind. Kurz gesagt, die Unterscheidung der fünf Sinne ist nur annähernd und empirisch.[83]

Die inneren Sinne organisieren das Material, das von den äußeren Sinnen gewonnen wird. Es gibt vier davon:

Gemeinsinn *(sensus communis)*
Vorstellungskraft *(phantasia* oder *imaginatio)*
Gedächtnis *(vis memorativa)*
schätzendes Vermögen *(vis aestimativa)*

Sensus communis unterscheidet und vereint die Daten, die von den äußeren Sinnen geliefert werden. Er unterscheidet zum Beispiel Farbe von

Klang. Das Auge oder das Ohr könnten dies nicht tun. Denn das Auge hört nicht und das Ohr sieht nicht.

Phantasia oder *Imaginatio* bewahrt die von den äußeren Sinnen erfassten Formen.

Die besonderen Sinne und der Gemeinsinn nehmen auf, die Vorstellungskraft oder Phantasia bewahrt. Es ist eine Art "Schatz der Bilder, die von den Sinnen empfangen wurden".[84]

Vis memorativa erkennt das in der Vorstellungskraft oder *Phantasia* bewahrte.

Vis aestimativa kann zwischen Nützlichem und Schädlichem, Freundlichem und Feindlichem unterscheiden. Sie kann natürlich oder *cogitativa* (Denkvermögen) sein. Das Natürliche nimmt instinktiv wahr, *Cogitativa* vergleicht und urteilt.

Alle Erkenntnis beginnt mit sinnlicher Erfahrung. Das erkennende Subjekt arbeitet aktiv am Erkenntnisprozess mit. Der Mensch ist kein passives Seiende, denn wie ein scholastisches Prinzip besagt:

Quidquid recipitur, secundum modum recipientis recipitur

Das heißt:

Was empfangen wird, wird entsprechend der Modalität (oder des Seinsmodus) des Empfängers empfangen

Das Subjekt nimmt Empfindungen wahr, die das Material bilden, mit dem der Verstand arbeiten wird, um zur Essenz des Seienden vorzudringen. **Erkennen bedeutet, die Essenz der Seienden durch Abstraktion zu verstehen. Erkennen ist eine gemeinsame Arbeit von Sinnen und Verstand.** Wenn der Mensch dazu in der Lage ist, liegt das daran, dass die Realität intelligibel ist. Dieses Prinzip ist die Grundlage der tomistischen

Erkenntnistheorie: Die Realität der Seienden ist intelligibel. Und daher kann der Mensch die Essenz der Seienden erfassen.

Das körperliche Seiende wirkt auf die Sinne und erzeugt beim Menschen Empfindungen. Durch die Sinne können wir nur die individuellen Seienden erfassen.

Die Gesamtheit der Empfindungen wird zu einem Bild oder *Phantasma* synthetisiert, das das wahrgenommene körperliche Seiende repräsentiert. Die Bilder oder *Phantasmata* sind immer Bilder individueller Seiender.

Die Sinneswahrnehmung ist eine Handlung der Verbindung von Seele und Körper und nicht, wie Augustinus glaubte, allein der Seele. Die Sinne sind von Natur aus darauf ausgerichtet, individuelle Seiende wahrzunehmen und können keine universalen Seienden erfassen.

Phantasma gehört zur sinnlichen Welt: Es ist das Bild eines bestimmten sinnlichen Objekts. Hier befinden wir uns noch nicht im Bereich des Universalen. Wenn der Prozess bis hierhin abgeschlossen wäre, würden wir nur so wie irrationale Tiere erkennen.

Die rationale menschliche Seele kann nicht direkt vom *Phantasma* betroffen werden, da dieses das Materielle repräsentiert und die menschliche Seele immateriell ist.

Das menschliche Intellekt, das den niedrigsten Grad im Reich der geistigen Wesen einnimmt und am weitesten vom göttlichen Intellekt entfernt ist, das reines Aktsein ist, befindet sich in Potenz zu allem Intelligiblen, zu allem, was Gegenstand des geistigen Wissens des Menschen sein kann. Unser Intellekt ist eine passive Potenz (Summa Theologica 1, 79, 1 und 2).[85]

Die Frage des menschlichen Wissens beinhaltet die *conversio ad phantasmata*. Wie das Besondere zum Allgemeinen wird. Die menschliche Seele kann nur unverkörperte universelle Begriffe erkennen, keine konkreten materiellen Seienden. Von nun an entwickelt sich eine ausschließliche Tätigkeit der rationalen Seele, um das Universelle zu erreichen. Jetzt kommt der Verstand, die Fakultät der Seele, ins Spiel.

Unser Verstand kann das Einzelne der materiellen Dinge nicht primär und direkt erkennen. Der Grund dafür liegt darin, dass das Prinzip der Einzelnheit in materiellen Dingen die individuelle Materie ist, und unser Verstand erfasst, wie wir bereits gesagt haben (q.85 a.1), durch Abstraktion die intelligible Spezies von der individuellen Materie. Das Abstrahierte von der individuellen Materie ist das Universelle. Deshalb erkennt unser Verstand direkt nur das Universelle.[86]

Zwei Arten des Intellekts können unterschieden werden:

1-Der **aktive** Intellekt (oder agenten Intellekt)
2-Der **passive** Intellekt (oder möglicher Intellekt)

Der Verstand besitzt keine angeborenen Ideen. Er setzt den Abstraktionsprozess in Gang, der uns ermöglicht, das Universelle zu erfassen. Abstrahieren bedeutet, das Universelle intellektuell zu isolieren, indem man es von den individuellen Merkmalen trennt.

(...) Die Essenz der körperlichen Dinge kann nur geistig erfasst werden, wenn das individuelle, konkrete und materielle Ding bekannt ist. Und gut: Das Wissen über individuelle Dinge ist Aufgabe der Sinne und der Bilder. Folglich muss sich der Verstand, um sein eigenes Objekt zu erkennen, nämlich die immanente Essenz des individuellen Dings, den Bildern zuwenden und so die allgemeine Natur konzipieren, die im Individuum nicht existiert (Summa Theologica I,84,7).[87]

Um zu erkennen, muss der Verstand, als unerlässliche Voraussetzung, im Akt sein. **Der aktive Intellekt** ist im Akt in Bezug auf die Bilder, die im Akt sinnlich, aber im Potenz intelligibel sind. Und **der passive Intellekt** ist im Potenz in Bezug auf das intelligibel Aktuelle.

J. Mausbach erklärt diese Funktion des agenten Intellekts mit einem modernen Vergleich. "Es ist wie Röntgenstrahlen, die auf die sinnliche Darstellung fallen und das Schema ihrer geistigen Essenz auf den Teller des Verstandes projizieren." Der agenten Intellekt ist etwas Aktives, denn nur ein aktiver Grundsatz kann etwas von Potenz zum Akt bringen (Summa Theologica 1, 79, 3).[88]

Der aktive Intellekt erhellt das Bild und abstrahiert davon das Universelle oder die intellektuelle Spezies. Durch seine natürliche Kraft und ohne besondere Erleuchtung von Gott (wie es Augustinus glaubte) macht er den intellektuellen Aspekt des Bildes sichtbar, enthüllt das formal und potenziell universelle Element, das implizit darin enthalten ist.

Aber gemäß der Ansicht von Aristoteles, die eher mit der Erfahrung übereinstimmt, konzentriert sich unser Verstand im irdischen Leben von Natur aus auf die Wesenheit materieller Dinge. Daher versteht er nichts, es sei denn, er greift auf Bilder zurück, wie wir bereits gesagt haben (q.84 a.7). Es ist also offensichtlich, dass wir, auf unsere eigene Weise des Erkennens, die immateriellen Substanzen, die nicht unter die Kontrolle der Sinne und der Vorstellungskraft fallen, nicht direkt verstehen können.[89]

Durch die Abstraktion erzeugt der aktive Intellekt im passiven Intellekt die *species impressa* (eingedrückte Spezies). Die Reaktion des passiven Intellekts auf diese Bestimmung ist die *species expressa* oder *verbum mentis*, nämlich der universelle Begriff im eigentlichen Sinn.

Einige dachten, dass die Art eines natürlichen Objekts nur die Form sei und dass die Materie kein Teil der Art sei. Aber wenn das der Fall wäre, würde die Materie nicht in die Definition natürlicher Dinge einbezogen werden. Es müssen zwei Arten von Materie beachtet werden, nämlich die gemeinsame und die konkrete oder individuelle Materie. Gemeinsam, wie Fleisch und Knochen; individuell, wie dieses Fleisch und diese Knochen. Der Verstand abstrahiert die Art von der individuellen sinnlichen Materie, nicht von der gemeinsamen sinnlichen Materie. Auf diese Weise abstrahiert er die Art des Menschen von diesem Fleisch und diesen Knochen, die nicht zum Begriff der Art gehören, sondern Teile des Individuums sind, wie es in der Metaphysik VII heißt, die in ihrer wesentlichen Vorstellung nicht leiden. Aber die Art des Menschen kann nicht vom Verstand aus dem Fleisch und den Knochen abstrahiert werden.[90]

Das Konzept ist die Ähnlichkeit des Objekts, die in der menschlichen Seele entsteht. Es ist nicht der Gegenstand des Wissens, sondern das Mittel dazu. Wenn es der Gegenstand selbst wäre, dann wäre unser Wissen ein Wissen von Ideen und nicht von außermenschlichen Wesen. Infolgedessen ist das Konzept nur sekundär das Objekt unseres Wissens. Primär ist das Konzept ein Werkzeug oder ein Mittel des Wissens.

Es ist falsch zu sagen, dass der engelhafte Doktor der Ansicht ist, dass das Verständnis keine Kenntnis von den besonderen körperlichen Seienden hat. Was er behauptete, ist, dass die Seele nur eine indirekte Kenntnis solcher bestimmten körperlichen Seienden hat, basierend auf der *conversio ad phantasmata*, und zwar deshalb, weil ihr direktes Erkenntnisobjekt das universelle Seiende ist.

Indirekt und gewissermaßen durch Reflexion kann (der Verstand) das Einzelne erkennen, denn auch nachdem er die intellektuellen Spezies abstrahiert hat, kann er sie nicht unmittelbar in Akt verstehen, es sei denn, er kehrt zu den imaginären Vorstellungen zurück, in denen er die intellektuellen Spezies versteht, wie es in De Anima III heißt. So kennt er direkt durch die intellektuellen Spezies das Universelle. Indirekt kennt er das Einzelne, das in den Bildern repräsentiert ist. Auf diese Weise bildet er den Satz "Sokrates ist ein Mensch".[91]

Mit anderen Worten: Das primäre Objekt des intellektuellen Wissens ist das direkte Universelle, das universelle Seiende, das im Einzelnen erfasst wird; erst sekundär erfasst der Verstand das Universelle als solches, das "reflektierte Universelle".[92]

Zusammengefasst mit einem Beispiel: Nehmen wir an, unsere Sinne bringen uns in Kontakt mit Johannes. Wir nehmen seine Eigenschaften wahr, indem uns die Sinne Informationen liefern. Die Wahrnehmung wird in einem Bild synthetisiert. Der aktive Intellekt abstrahiert das Universelle aus dem Bild, nämlich die Menschheit. Dies wird das direkte Universelle genannt und entspricht nur dem Bild. Im Moment ist Johannes nur als das universelle "Mensch" bekannt. Das direkte Universelle wird im passiven Intellekt eingeprägt. Dieser wird erkennen, dass dieses direkte Universelle nicht nur auf Johannes, sondern auf jeden anderen Menschen zutrifft. In diesem Fall sprechen wir vom reflektierten Universellen.

Sankt Thomas sagt deshalb: "Das Verstehen steht zum Verstand wie das Sein (oder Akt des Seins) zum Wesen." Das Verstehen an sich ist kein Seiendes, sei es ein Seiendes, sei es eine Substanz oder ein Akzidens, sondern Sein. Das Intelligible im Akt, die abstrahierten intelligenzbaren Charaktere aus der Realität, die sich dem Verstand anschließen, ist das Wesen. Das Verstandene besteht also aus dem intelligenzbaren Wesen und dem Akt des Verstehens, der wie jedes Seiende das Wesen existieren lässt und zu einem Seienden macht. Es ist ein verstandenes Seiendes. Es stimmt mit dem Seienden der Realität überein, das aus Sein und Wesen besteht. Das verstandene Seiende und das reale Seiende stimmen überein, wenn auch in unterschiedlichem Maße, je nach der Tiefe des Verstehensakts, in seinem Wesen. Die Schlussfolgerung, dass das Verstehen Sein ist, rechtfertigt daher den gnoseologischen Realismus, die Übereinstimmung zwischen dem Verstand und der Realität.[93]

Abschließende Betrachtungen über die Sinne und den Verstand

In Bezug auf das sinnliche Wissen stellt der engelhafte Doktor fest, dass diese Art des Wissens auf einer Veränderung des Sinnesorgans beruht, die in der Seele eine Überführung der Potenz in den Akt in Bezug auf das betroffene Objekt bewirkt. Das Sinnesorgan spielt eine ähnliche Rolle für die Seele wie der Körper, da durch ihn der Sinn das Sinnliche erlebt und davon beeinflusst wird. Es ist jedoch wichtig zu beachten, dass der Sinn die Realität nicht genau so wahrnimmt, wie sie ist, sondern nur das

Assimilierbare durch seine verschiedenen Potenzen abstrahiert. Daher impliziert das sinnliche Wissen eine gewisse Begrenzung in der Erfassung des Realen.

Sankt Thomas formuliert auch eine Kritik an der Fähigkeit der Sinne, die Realität vollständig zu erkennen. Da sie mit körperlichen Eigenschaften verbunden sind, werden sie von ihnen beeinflusst und eingeschränkt, was zu einer Relativität des Einflusses der Objekte auf den Sinn führt. Diese Relativität ergibt sich aus der Wechselwirkung zwischen den Eigenschaften der Objekte und den Eigenschaften, die im Sinn selbst enthalten sind. Darüber hinaus betont er, dass die wahre Substanz diejenige ist, die durch ihre Eigenschaften bestimmt wird, aber dies bedeutet nicht, dass die Realität aus Teilen besteht oder von trügerischen Erscheinungen bedeckt ist. Die Eigenschaften sind keine getrennten Entitäten, sondern existieren in uns und werden von den Sinnen erfahren.

Sankt Thomas betont auch die Bedeutung des Verstandes in Bezug auf das Sein. Obwohl er anerkennt, dass der menschliche Verstand aufgrund seiner Verbindung mit der Materie unvollkommen ist, hält er den Verstand für die eigentliche Fakultät des Seins. In diesem Sinne ist der Sinn eine entfernte Teilhabe des Geistes und unterliegt Kritik. **Obwohl der Sinn das Erfahrbare erleben lässt, ist es der Verstand, der das Intelligible und die Intuition des Seins wahrnehmen kann.** Er betont auch, dass die sinnlichen Eigenschaften die Kraft der Sinne beeinflussen und begrenzen, was zu einer Relativität des Wissens führt. Diese Relativität zeigt sich sowohl in der Subjektivität der sinnlichen Wahrnehmungen als auch in der Beziehung zwischen den Sinnen und den Objekten der Erfahrung.

Nach der thomistischen Philosophie beschäftigt sich der Verstand mit den materiellen Wesen. Das Wesen wird als ein separates Objekt betrachtet, da es ein Aspekt der Realität ist, der von ihren sinnlichen Bedingungen abstrahiert wird.

Jedoch stammen die einzigen für uns zugänglichen Wesen aus dem Weg der Sinne. Das Wesen selbst liegt außerhalb von Zeit und Raum. Was die Wesen betrifft, die Gegenstand der Erfahrung sind, so tritt das Wesen durch das, was wir **Individualisierung** nennen, in Zeit und Raum ein. Dabei müssen wir jedoch beachten, dass dies nicht die Idee der Natur an sich ist, sondern eine spezielle Verwirklichung, die als solche betrachtet wird.

Es wurde argumentiert, dass diese Unterscheidung illusorisch sei und dass die Idee lediglich eine schematische Empfindung ohne Bedeutung sei. Dies übersieht jedoch die Tatsache, dass unsere allgemeinen Ideen wirklich allgemein werden, durch die Art und Weise, wie wir sie verwenden. Wenn diese Beobachtung korrekt ist, dann muss die intellektuelle Fakultät, die das Allgemeine aus dem Einzelnen, das Zeitlose aus dem Zeitlichen und das Notwendige aus dem Kontingenten extrahiert, über die materiellen Bedingungen hinausgehoben werden.

Die Sinne liefern nichts Ähnliches. Das Einzelne wird ohne Materie empfangen, aber das daraus Abgeleitete ist nicht unabhängig von den materiellen Bedingungen; es ist durch Raum und Zeit begrenzt. Daher ist es notwendig, die Wesenheit aus einer äußeren oder inneren Umgebung abzuleiten, die der Bewegung, der räumlichen Zeitlichkeit und der Kontingenz unterliegt.

Das intellektuelle Wissen besteht darin, diesen Ausgangspunkt wiederzufinden, indem man von der verwirklichten Idee zur Idee der Verwirklichung aufsteigt, von der künstlerischen Darstellung der Natur zur Kunst, nach der die Natur erschafft, lenkt und ihren Zweck erfüllt. Auf diese Weise haben die universellen Konzepte, die Urteile, die durch Kombinationen dieser Konzepte gewonnen werden, und die aus den Urteilen abgeleiteten Beweise ihren Ursprung in der Seele, die das Wesentliche in diesem gesamten Prozess ist. Die Sinne liefern nichts Ähnliches. Die intellektuelle Fakultät muss immateriell sein und von den materiellen Bedingungen getrennt sein.

Die Immaterialität und Unsterblichkeit der Seele sind Themen, die Sankt Thomas in seiner Philosophie behandelt. Es ist für ihn offensichtlich, dass, wenn in uns eine Funktion existiert, die alle materiellen Bedingungen übersteigt, es eine Existenz geben muss, die dieser Funktion entspricht. *Das Handeln folgt dem Sein*, daher gelangen wir zu der wichtigen Schlussfolgerung, dass die menschliche Seele, die das Prinzip des intellektuellen Handelns ist, ein immaterielles und bestehendes Prinzip ist, das die materiellen Bedingungen übersteigt.

Die Natur des intellektuellen Wissens liefert auch einen Beweis für die Dauerhaftigkeit der Seele. Das intellektuelle Wissen beinhaltet ein höheres Werden, bei dem das Subjekt sich in reine und ewige Formen verwandelt, die von der individualisierenden Materie losgelöst sind. Im Gegensatz zum Tier, dessen Wissen auf das Individuelle beschränkt ist und darauf abzielt, sein Sein in der gegenwärtigen Zeit zu bewahren, strebt der Mensch danach, einfach nur zu sein, ohne räumliche oder zeitliche Zusätze.

Die Funktionen der Sinne im intellektuellen Wissen sind fundamental in der Philosophie des Aquinaten. Er behauptet, dass der intellektuelle Akt das Ergebnis eines langen Vorbereitungsprozesses ist, der letztendlich das Ziel der Erfahrung erreicht, die aus dem Gedächtnis stammt, das wiederum vom Sinn abhängig ist. Sankt Thomas glaubt nicht, dass irgendwelche geistigen Phänomene in uns natürlich auftreten können, ohne die Beteiligung des Sinnlichen. Es ist eine Erfahrungstatsache, dass niemand denkt, selbst wenn er eine erworbene Idee verwendet, ohne ein Bild heraufzubeschwören, das als Unterstützung des Denkens dient.

Die Berührung mit dem Sinnlichen, sei es durch Worte oder Zeichen, die auf die Sinne wirken, ist das intellektuelle Kommunikationsmittel, das uns zur Verfügung steht. Wir rufen Empfindungszustände in anderen hervor, um Ideen in ihnen zu wecken, und genauso hängt unser eigenes Denken von der sinnlichen Kommunikation ab. Der Verstand lebt in Abhängigkeit von komplexen organischen Handlungen und Reaktionen, und daher unterliegen die Ideen denselben mechanischen Gesetzen der Assoziation wie die sinnlichen Fakten, anstatt immer den logischen Gesetzen zu gehorchen.

Es ist wichtig zu beachten, dass das Funktionieren des Verstandes eng mit den sinnlichen Fakultäten verbunden ist. Wenn die Organe der Vorstellungskraft oder des Gedächtnisses beeinträchtigt sind, hört der Verstand auf zu funktionieren. Dies zeigt, dass der unmittelbare Kontakt mit Bildern und der realen Außenwelt eine notwendige Bedingung für den Verstand ist. Darüber hinaus behauptet Sankt Thomas, dass der Verstand, obwohl er keine organische Kraft ist, co-organisch ist in dem Sinne, dass er von den Funktionen der belebten Organe als Materie oder Instrument für seine eigenen Funktionen abhängt.

Zusammenfassend entwickelt sich das intellektuelle Wissen aus den sinnlichen Bedingungen. Der Verstand hängt von der sinnlichen Erfahrung ab und wird von den sinnlichen Fakultäten wie der Vorstellungskraft und dem Gedächtnis beeinflusst. Die intellektuelle Kommunikation basiert auf der Hervorrufung von Bildern und dem Verständnis durch die Sinne. Der Verstand ist eng mit dem Körper und den organischen Funktionen verbunden, obwohl seine Funktionsweise und seine höchsten Akte nicht auf das Materielle beschränkt sind. Das menschliche Verständnis wird in Beziehung zur physischen Welt geformt und hängt von der vitalen Synthese zwischen Verstand, Sinnen und der äußeren Realität ab.

Die Ausarbeitung des Universalen ist ein grundlegender Prozess in der Philosophie des Sankt Thomas. Der menschliche Geist, der nur durch die Sinne Zugang zum Singulären hat, muss darauf warten, dass das Singuläre zu ihm gelangt, um funktionieren zu können. Ohne diese sinnliche Erfahrung wäre der Geist eine leere und unbeschäftigte Potenz. Daher spielen die Sinne eine entscheidende Rolle bei der Informierung des Geistes und der Sammlung des für sein Funktionieren notwendigen Materials.

Sankt Thomas behauptet, dass sowohl in der physischen Ordnung als auch in der Ordnung der göttlichen Intelligibilität Vermittler benötigt werden, damit die Seele alles werden kann und alles zur Seele gelangen kann. Die intellektuelle Form kommt nicht direkt zu uns, sondern durch viele Vermittler. Das Singuläre weckt in uns roh den Sinn für das

Universale, so dass es einer Analyse und Synthese, einer Auflösung und Vereinigung unterworfen werden muss. **Die inneren Sinne, zusammen mit der Vorstellungskraft und dem Gedächtnis, präsentieren dem Verstand die wesentlichen Charaktere von Gattungen und Arten in allen Bereichen.**

Der Sinn erreicht auf besondere Weise das Universale. Obwohl der Sinn eigentlich nur das Singuläre erfasst, erfasst er auch das Subjekt A nicht nur als Subjekt A, sondern auch als diesen Menschen. Dadurch kann die intellektuelle Seele das Subjekt A und das Subjekt B als Menschen betrachten. Durch die Erfassung des Sinns erhalten wir das Wissen über das Universale. Mit anderen Worten müssen die gemeinsamen Charaktere der Seienden im Sinn repräsentiert sein, damit wir sie erkennen und das Universale in der Seele aufbauen können.

Der Aufbau des inneren Universellen ist schwierig und erfordert eine Zeit rein sinnlicher und imaginativer Erfahrung, bevor es zur Vernunft gelangt. Darüber hinaus ist das Wissen um das Universale gemeinschaftlich, da uns die Tradition Schätze an Erfahrung liefert, die wir assimilieren und weitergeben müssen. Die Sprache spielt dabei eine wesentliche Rolle, da wir durch sie Kenntnisse erlangen, die die persönliche Erfahrung uns möglicherweise lange Zeit oder sogar nie liefern könnte.

Der agenten Intellekt spielt eine entscheidende Rolle in der Erkenntnistheorie des Sankt Thomas. Obwohl in einigen Passagen seiner Werke die Möglichkeit angedeutet wird, dass Gott selbst der agenten Intellekt in uns sein könnte, behauptet Sankt Thomas, dass die Seele selbst in einem unmittelbaren und ausreichenden Prinzip die Kräfte für ihre natürlichen Operationen enthalten muss. Damit das Reale in uns zur Idee wird, muss das Reale in gewisser Weise bereits Idee sein. Die Seele verwandelt das verkörperte Reale in sinnliche Potenzen in die reine Empfänglichkeit der Materie. Diese Verkörperung besitzt jedoch nicht die Eigenschaften der Allgemeingültigkeit, Notwendigkeit und Transzendenz, die für die Idee charakteristisch sind. Daher ist eine Entkörperung, eine

Abstraktion, notwendig, damit die Idee in unserem Geist mit ihren eigenen Merkmalen wiederaufleben kann.

Der Agenten Intellekt erfüllt diese Notwendigkeit. Er ist die Transformationskraft, die es ermöglicht, dass das Reale, wenn es in uns eintritt, zu seiner Quelle zurückkehrt, sich entkörpert und sich in umgekehrter Weise wieder aufbaut, um die ideale Assimilation zu ermöglichen, die der Akt des Verstehens ist.

Im Erkenntnisprozess wirken drei Elemente mit:

1-Der mögliche Intellekt, der ideal den Eindruck der Bilder empfängt, die die äußere Realität darstellen;

2-Der agenten Intellekt, der die Idealisierung dieser Bilder vornimmt; und

3-Die Bilder selbst, die durch ihre Prägung auf den Intellekt die Objektivität des Wissens gewährleisten.

Diese drei Elemente sind unterschiedlich, aber nicht als getrennte Subjekte. Sie sind verschiedene Aspekte des mit Intelligenz ausgestatteten Subjekts.

Es ist wichtig zu betonen, dass die Sprache, die zur Beschreibung dieser Elemente verwendet wird, anthropomorph ist und zu der Illusion führen kann, dass es getrennte Entitäten sind. In Wirklichkeit hat das Subjekt mit Intelligenz die Fähigkeit, den sinnlichen Bildern eine transzendente Wirksamkeit zu verleihen, während die passive Kraft der Spezifizierung es dem Subjekt ermöglicht, die von den Bildern dargestellten Objekte zu konzipieren. Der agenten Intellekt ist die aktive Kraft, die die Bilder ontologisch überhöht.

Zusammenfassend spielt der agenten Intellekt eine wesentliche Rolle im Erkenntnisprozess. Es ist die Kraft der Transformation und Spezifizierung, die es ermöglicht, dass das in sinnlichen Potenzen verkörperte Reale im Akt des Verstehens abstrahiert und als Idee wieder aufgebaut wird. Obwohl die Möglichkeit besteht, dass Gott der agenten Intellekt ist, betont Sankt Thomas, dass das notwendige Prinzip der kognitiven Operationen in der Seele selbst zu finden ist.

Das intellektuelle Gedächtnis ist ein Konzept, das vom engelhaften Doktor behandelt wurde, und eine der Hauptfolgen der abstrakten Natur der Idee ist seine Theorie über dieses Gedächtnis. Nach Sankt Thomas gibt es im eigentlichen Sinne kein intellektuelles Gedächtnis. Obwohl die geistige Kraft, die in uns weilt, zum Akt des Objekts gelangt, bleibt sie nicht im intellektuellen Gedächtnis in derselben Weise erhalten wie die sinnlichen Kräfte.

Es ist unwahrscheinlich, dass der geistige Prozess in einem ontologisch weniger stabilen Produkt endet als die materiellen Bilder. Während materielle Bilder inmitten des ständigen Flusses der Zeit erhalten bleiben, führt die intellektuelle Entwicklung zu einer Form des Seins, die bleibt, auch wenn sie organische Bedingungen für ihre Verwendung erfordert. Wissen impliziert, ein Anderer zu sein, und dies geschieht durch einen Akt, bei dem das Bekannte in die vorherige Aktualität des Subjekts einbezogen wird. Zwischen der reinen Potenz, ein Anderer zu sein, und dem tatsächlichen Besitz dieser Bereicherung des Seins gibt es einen primären Akt, der die erworbene, aber nicht gelebte Idee ist, ein Zustand des Seins, der unbewusst geformt ist und bereit ist, sich bewusst zu werden, wenn die notwendigen Bedingungen für das aktuelle Wissen gegeben sind.

Auf diese Weise scheint es, dass alle erworbenen Ideen unbestimmt im Schatz der Seele bewahrt werden, sogar im Jenseits, obwohl ihre Nützlichkeit in diesem Kontext relativ ist. Dies ist jedoch nicht das, was eigentlich als Gedächtnis bekannt ist. Gedächtnis bezieht sich auf die Vergangenheit als Vergangenheit, wir erinnern uns an Dinge unter bestimmten zeitlichen Bedingungen und Umständen, die von der Zeit gemessen werden. An etwas zu denken, ohne diese Bedingung der zeitlichen Distanz zu berücksichtigen, ist kein Erinnern.

Die Idee, die nur mit dem Universalen und Immateriellen in Verbindung steht, trägt nicht die Vorstellung von Zeit in sich und kann zwar angemessen das darstellen, was vergangen ist, aber nicht die Vergangenheit in ihrer eigentlichen Form. Es ist in der Sensibilität, wo die Vergangenheit ihre Spuren hinterlässt, und dies kann man daran erkennen, wie eine Idee in uns lebendiger wieder auflebt, wenn sie mit dem Sinnlichen verbunden ist. Das Gedächtnis wird von Mangel oder Überschuss an Gehirnaktivität beeinflusst, was auf einen Einfluss der sinnlichen Wahrnehmung hinweist. Wenn wir also eine alte Idee erinnern und sie in unserer Erinnerung wieder erleben, kehren wir in gewisser Weise zur Vergangenheit zurück, aber nur in Bezug auf die Art und Weise, wie sich der Intellekt mit diesem Akt verbindet, nicht als eigentliche Erinnerung.

Die Lehre von Sankt Thomas über das intellektuelle Gedächtnis besagt, dass es im eigentlichen Sinne kein intellektuelles Gedächtnis gibt, sondern dass die erworbenen Ideen im Schatz der Seele aufbewahrt werden. Das Gedächtnis bezieht sich auf die Vergangenheit als Vergangenheit und ist mit den sinnlichen Fähigkeiten verbunden. In der künftigen Existenz kann die getrennte Seele jedoch das denken, was sie zuvor gedacht hat, indem sie die erworbenen Ideen und eine besondere Disposition nutzt, die ihren Gebrauch bedingt. Obwohl dies als eine Art des Erinnerns betrachtet werden kann, erinnert sich die Seele im eigentlichen Sinne nicht, sobald der Körper aufgelöst ist.

Das geistige Verb, das heißt der Prozess des Denkens und Urteilens, ist ein wichtiger Aspekt in der Entwicklung unserer Intelligenz. Durch die intellektuelle Erfahrung können wir erkennen, dass die Bereicherung des Seins, die durch die Idee gewonnen wird, nicht notwendigerweise tatsächlich erlebt wird. Selbst wenn wir schlafen, verlieren wir nicht die erworbenen Ideen, sie bleiben in uns im Zustand eines Aktes, der mit Potenz vermischt ist. Die Seele ist ein Ort der Ideen, aber es bedarf einer Entwicklung, um diesen Schatz zu nutzen. Die Seele ist immer bereit für diese Entwicklung, aber es werden organische Bedingungen benötigt, die entweder durch Automatismus oder Willen bereitgestellt werden, damit die latente Idee als aktuelle Idee entsteht und Früchte hervorbringt, die die Idee durch eine Art innerer Redeweise ausdrücken.

Das geistige Verb (*species expressa* oder *verbum mentis*) ist die Vollendung der Arbeit des Geistes, und in ihm wird die Einheit zwischen dem Bekannten und dem Erkennenden vollständig verwirklicht. Es ist das Bekannte an sich selbst, auch wenn es nicht das ist, was bekannt ist. Die bekannte Sache bezieht sich auf das reale äußere Objekt. Was erkannt wird, ist der Inhalt des Konzepts. Mit anderen Worten, das Konzept selbst, das die Sache repräsentiert. Daher liefern die Operationen des Geistes wie die einfache Erfassung, Zusammensetzung und Teilung die Unterteilungen der Konzepte.

Die Definition und das Urteil sind zwei Arten von internen Worten, die sich in der Vorstellung durch verbale Bilder widerspiegeln. Die gesprochene Sprache dient als Signal für andere und hat einen Tauschwert. Wenn eine dritte Operation, das Argumentieren, als natürliche Entwicklung den beiden vorherigen hinzugefügt wird, erhält das geistige Verb keine neue Natur, sondern nur eine neue Herkunft.

Unser Geist, ausgehend von reiner Potenz, schreitet notwendigerweise in Etappen voran. Durch sinnliche Erfahrungen konzipiert der Geist eine allgemeine Idee, die die Essenz der Dinge darstellt. Dann bereichert der Geist diese Idee durch die Suche nach Eigenschaften und Akzidenzen und gewinnt so ein umfassenderes Verständnis der Sache. Zusammensetzung und Teilung werden zur Notwendigkeit des Geistes, was zur Argumentation als natürlicher Schritt führt.

Jedoch würde ein Intellekt, der von Fleisch getrennt ist, diesen Prozess nicht verfolgen. Da er nicht abstrahieren muss und das Intelligible vollständig von seiner Quelle empfängt, würde dieser Intellekt von Anfang an besitzen, was jede Sache an Intelligibilität enthält. Er müsste nicht bejahen, verneinen oder argumentieren, da sein Inhalt in der ursprünglichen Idealisierung erlangt wird. Diese getrennten Intelligenzen werden von Sankt Thomas Engel genannt. Dies gilt natürlich noch mehr für den Fall Gottes, dessen Intelligenz vollständig im Akt ist und sein eigenes Objekt ist.

Die getrennten Intelligenzen leben jedoch nicht alle Ideen gleichzeitig, sondern müssen von einer zur anderen übergehen. Für uns, die wir ohne erworbenes Intelligibles beginnen, müssen wir es durch Abstraktion aus wiederholten sinnlichen Erfahrungen erwerben.

7. HYLEMORPHISMUS

Definition

Der Hylemorphismus und der Atomismus sind zwei philosophische Theorien, die sich mit der Natur der materiellen Realität befassen, obwohl sie sich in ihren Ansätzen und grundlegenden Konzepten unterscheiden.

Hylemorphismus, vorgeschlagen von Aristoteles, postuliert, dass alle materiellen Dinge aus zwei untrennbaren Prinzipien bestehen: Materie und Form. Materie bezieht sich auf die grundlegende und unbestimmte Substanz, aus der ein Objekt geformt wird, während die Form das Prinzip ist, das ihm Struktur, Organisation und charakteristische Eigenschaften verleiht. Beide Prinzipien stehen in intrinsischer Beziehung zueinander und bilden zusammen die vollständige Substanz eines Objekts. Die Form ist keine externe Eigenschaft des Objekts, sondern immanent in ihm und in der Materie realisiert. Darüber hinaus ist die Form nicht statisch, sondern kann sich im Laufe der Zeit verändern und transformieren.

Auf der anderen Seite postuliert der **Atomismus**, dass die Realität aus unteilbaren Partikeln besteht, die als Atome bezeichnet werden. Diese Atome sind die fundamentalen und unteilbaren Einheiten der Materie und sind nach dem Atomismus ewig und unveränderlich. Die Atome bewegen sich im leeren Raum und kombinieren sich miteinander, um verschiedene Objekte und Substanzen im Universum zu bilden. Jedes Atom hat unterschiedliche Eigenschaften wie Form, Größe und Position im Raum. Nach dieser Theorie können alle beobachtbaren Eigenschaften und Phänomene in der Welt in Bezug auf die Konfiguration und Bewegung der Atome erklärt werden.

Während sich der Hylemorphismus auf die untrennbare Beziehung zwischen Seiende und Form konzentriert, konzentriert sich der Atomismus auf die unteilbaren und ewigen Partikel, die die Materie bilden. Außerdem konzentriert sich der Hylemorphismus auf die Natur und die wesentlichen Eigenschaften der Objekte, während sich der Atomismus auf die

Konfiguration und Bewegung der Atome konzentriert.

Hylemorphismus aristotelisch-thomistisch

Das Erste, was der Mensch erkennt, sind die körperlichen Seienden durch die Sinne. Auf dieser Ebene ist er den irrationalen Tieren gleichgestellt. Aber das eigene und unmittelbare Objekt seines Intellekts ist die Essenz körperlicher Seiende. Durch die Sinne erkennt er das Zusammengesetzte von Seele und Körper. Durch den Intellekt erkennt er nur die Seele.

Die Seele erfasst also jene Essenz des körperlichen Seienden aus sinnlicher Erfahrung. Die menschliche Seele besitzt keine angeborenen Ideen: Sie ist wie eine *tabula rasa* (leere Tafel), auf der die Erfahrung ihre *Phantasmata* einschreibt, die sie dann mit der Fähigkeit des aktiven Intellekts erkennt und mit der Fähigkeit des passiven Intellekts konzeptualisiert.

Lasst uns daran erinnern, dass Sein (*esse*) alles ist, was ist (*ens*). Und was ist, wird Seiende (*ens*) genannt. Um ein Seiende zu sein, muss es im Akt sein. Was ist, ist, weil es im Akt ist. Der Akt geht der Potenz voraus. Es gibt kein Seiende in Potenz, wenn es kein Seiende in Akt gibt.

St. Thomas akzeptierte die hylemorphe Zusammensetzung der körperlichen Seienden. Und bekräftigte, dass das körperliche Seiende ein Zusammensetz aus Materie und Form ist. Er wird auch, wie Aristoteles, die zehn Kategorien unterscheiden: Substanz und ihre neun Akzidenzien. Die Substanz ist die ursprüngliche Manifestation des körperlichen Seienden. Wir erkennen das Seiende durch die Substanz.

Wenn wir die Überlegungen wieder aufnehmen, sagen wir: Die Substanz ist ein Zusammensetz aus Materie und Form, Akt und Potenz.

Die Erst Materie *(materia prima)* ist reine Potenzialität. Das heißt, sie hat keine Form. Sie befindet sich in Potenz, alle Formen zu empfangen, die ein Körper empfangen kann.

Die Form der Substanz ist der erste Akt eines physischen Körpers. Der erste Akt bedeutet das Prinzip, das den Körper in seine spezifische Klasse einordnet und bestimmt, was er ist. Die Form individualisiert die Materie. Die Materie des körperlichen Seienden ist die *materia signata quantitatis*, das heißt, die durch die Form individualisierte Materie. Die These XI besagt:

Die durch Quantität gekennzeichnete Materie (materia signata quantitatis) ist das Prinzip der Individuation, das heißt der numerische Unterscheidung –die es bei reinen Geistern nicht geben kann– des einen Individuums vom anderen in derselben spezifischen Natur.

Aber St. Thomas gibt allen bisher dargelegten Gedanken aristotelischer Herkunft eine Wendung. Er unterscheidet zwei weitere Prinzipien in körperlichen Seienden: Wesen und Existenz. Er arbeitet auf originelle Weise mit diesen Konzepten.

Die Reflexion wieder aufgreifend, sagen wir nun: Die Substanz ist ein Zusammensetz aus Materie und Form, Akt und Potenz, Wesen und Existenz.

Die Wesen ist in Potenz, Existenz zu empfangen. Die Wesen ist nicht nur Form: sie ist Materie und Form. Die Wesen ist das Prinzip, durch das das Seiende das ist, was es ist, und kein anderes Seiendes ist. Aber sie ist in Potenz. Existenz ergibt sich aus dem Akt des Existerens, der Akt, durch den die Wesen das Sein empfängt. Existenz setzt die Wesen Akt

Deshalb ist das Sein (Seiende) für Sankt Thomas das, was existiert. Wenn es nicht existiert, wird es Sein (Seiende) in Potenz sein. Aber es ist nicht in der konkreten Wirklichkeit. Die Metaphysik untersucht die Realität des Seins. **Die Realität des Seins sind die Seienden, die existieren.** Wenn sie nicht existieren, sind sie es nicht. Sie werden in Potenz sein. Aber sie sind nicht in der Realität. Ihnen fehlt es an ontologischer Relevanz.

Alles, was mit dem Verb "sein" ausgesagt wird, ist einer ontologischen Reflexion zugänglich.

Bis jetzt haben wir von körperlichen endlichen Seienden gesprochen. Kontingente Seine. Sie können existieren oder nicht existieren. Tatsächlich ist kein endliches Seiende notwendig. Aber es gibt auch nicht-körperliche Seiende. Reine Formen: die Engel.

Dieser Aufstieg ermöglicht ihm zu erkennen, dass der Erste unbewegte Beweger, die unverursachte Ursache, viel mehr ist, als Aristoteles lehrte. Es ist Gott, tatsächlich, aber nicht so, wie der Stagirit es sich vorstellte. In diesem Thema bringt Sankt Thomas der aristotelischen Doktrin eine kopernikanische Wende bei. Wir werden im Folgenden einige schnelle Anmerkungen zu diesem Thema geben. Wir müssen es tun, um zu verstehen, dass in der thomistischen Synthese Gott das Sein ist. In dem Buch "Gott" dieser Serie werden wir sie ausführlich entwickeln.

Gott ist das Sein an sich. Er ist kein Seiende, wie Aristoteles glaubte. Er ist das subsistierende Sein. Er ist das Sein, dessen Existenz er von niemandem erhalten hat. Gott ist das Sein. Punkt. Alle anderen Seiende nehmen (hier erscheint ein platonisches Konzept) am Sein Gottes teil. Aber sie sind nicht Gott (siehe Kapitel 10).

In Gott gibt es keine Materie oder Form. Weder Akt noch Potenz. Er ist reiner Akt. Auch kann man zwischen Wesent und Existenz nicht unterscheiden. Seine Wesen ist sein Sein.

Dieser Gott ist der Schöpfer. Alle Seiende, endliche und unendliche, körperliche und unkörperliche, haben ihr Sein (ihr Existieren) von Gott erhalten. Alle Seiende sind nicht in sich selbst. Nur Gott ist in sich selbst. Alle Seiende erhalten ihr Sein von Gott, und er nimmt es ihnen weg, wann und wie er will. Wenn er es tut, hören sie auf zu existieren.

(...) Das Sein jeder Entität stammt daher von Gott als dem Bild seines Modells. Aber zwischen dem, was ist, und dem, was nichts ist, ist die Entfernung unendlich; daher ist eine unendliche Potenz notwendig, um das Sein aus dem Nichts hervorzubringen; nur Gott hat diese Potenz.[94]

So ist es, dass bei Thomas von Aquin im Gegensatz zu Aristoteles, Gott ist die effiziente Ursache und nicht nur die finale Ursache. Außerdem ist er einzigartig. Darüber hinaus ist er einer. Es gibt einen einzigen unbewegten Beweger. Aristoteles sprach von einer Vielzahl unbewegter Beweger, ohne die Beziehungen zwischen ihnen und dem Ersten unbewegten Beweger genau zu definieren. Schließlich wurde die aristotelische Endzweck-Idee in dieser Weise angewendet: Gott ist der endzweck aller seiende. Der Rationalen durch Erkenntnis, der Irrationalen durch Natur. Alles in der Schöpfung strebt auf Gott als sein Endzweck hin.

Aber Sankt Thomas sah tiefer als Aristoteles: er sah, dass in jeder endlichen Sache eine Zweiheit von Prinzipien besteht, die Zweiheit von Wesen und Existenz, dass das Wesen ihre Existenz in Potenz hat, dass sie nicht notwendigerweise existiert, und so konnte er nicht nur bis zum aristotelischen Unbewegten Beweger argumentieren, sondern bis zum notwendigen Sein, Gott, dem Schöpfer. Sankt Thomas konnte auch die Wesen Gottes als Existenz erkennen, nicht nur als das Denken, das sich selbst denkt, sondern als das "ipsum esse subsistens", und auf diese Weise, ohne die Schritte von Aristoteles zu verlassen, konnte er weiter gehen als Aristoteles. Indem er die Wesen des endlichen Seins nicht deutlich von seiner Existenz unterscheidet, konnte Aristoteles nicht auf die Idee der Existenz selbst als die Wesen Gottes kommen, von der alle begrenzten Existenzien ausgehen.[95]

In Aristoteles ist die Welt ewig. In Sankt Thomas wurde die Welt von Gott erschaffen. In Aristoteles ist Gott von einer solchen Selbstgenügsamkeit, dass er in sich selbst existiert, desinteressiert an der Welt und ihren Kreaturen. In Sankt Thomas ist Gott das notwendige Sein. Ohne sein Mitwirken gäbe es keine Existenz. Er erschafft, bewahrt und übt Vorsehung aus.

Wir können andere Themen hervorheben, in denen Sankt Thomas von Aristoteles abweicht:

1.Er behauptet, dass die Seele die Auferstehung des Körpers verlangt.

2.Er behauptet, dass es in jeder Substanz nur eine wesentliche Form gibt. Angewendet auf die menschliche Substanz bedeutet dies, dass die Seele die einzige Form der Zusammensetzung ist, wodurch jegliche Möglichkeit einer spezifischen Körperform *(forma corporeitatis)* eliminiert wird.

3.Er behauptet die Existenz von Engeln, reinen Formen ohne Materie. Da ihnen die Materie fehlt, können sie sich nicht innerhalb einer bestimmten Spezies individualisieren. Dann: Jeder Engel ist eine Spezies.

4.Er vertritt das Gegenteil von Aristoteles in dieser Angelegenheit: Aristoteles glaubte, dass es nur einen aktiven Intellekt bei allen Menschen gibt und dass es keine persönliche Unsterblichkeit gibt.

Schließlich ist es wichtig zu betonen, dass der engelhafte Doktor im Gegensatz zu Aristoteles die Lehre von der Analogie im Konzept des Seins und die Lehre von der Teilnahme am Sein ausführlich entwickelt hat.

Im Allgemeinen können wir sagen, dass Sankt Thomas das Wahre, das er aus der aristotelischen Lehre entdeckt hat, verwendet hat, um eine Philosophie zu unterstützen, die ohne den christlichen Glauben nicht im Widerspruch steht, sondern ihn durch die Vernunft beleuchtet. Aus dieser Arbeit entstand die thomistische Synthese. Als er begriff, dass die Befolgung des Aristoteles der göttlichen Offenbarung widersprach, wandte er sich ab. Es ist jedoch notwendig zu betonen, dass seine Interpretation von Aristoteles immer darauf abzielte, ihn von Averroes zu befreien und ihn so positiv wie möglich für die Offenbarung zu interpretieren.

8. DAS SEIN DER SEIENDEN

Das Sein ist das, durch das das Seiende ist. Diese umfassende Definition umfasst alle Seienden.

Um den Fokus etwas zu schärfen, unter Berücksichtigung der metaphysischen Bedeutung des Seienden und der Thomistischen Originalität in der Auslegung von Aristoteles, muss es präziser definiert werden: **Das Sein ist das, durch das das Seiende existiert.**

Das Sein kann streng genommen weder als Subjekt noch als Prädikat gedacht werden, da beide auf dieselbe Weise auf eine ontologische Entfremdung des Seins in etwas anderes verweisen. Mit anderen Worten, das Sein, das unter einem oder anderem Aspekt betrachtet wird, hört auf, das Sein ohne Zusätze zu bezeichnen und betrachtet stattdessen eine bestimmte Form des bereits bestimmten Seins. Das Sein als Sein sagt jedoch weder "ist dies" noch "ist jenes", "ist auf diese Weise" oder "ist auf jene Weise", sondern es ist frei von jeglicher Bestimmung und Besonderheit. Diese Unbestimmtheit drückt sowohl die Universalität des Seins aus als auch rettet das Einzelne, das Seiende, davor, ins Nichts zu stürzen.[96]

Obwohl alle Seienden Sein haben, wird das Sein nicht in gleicher Weise bei den verschiedenen Seienden ausgesagt. Einige Seiende nehmen das Sein vollständiger wahr als andere. Es gibt Wesen, die Substanzen sind, und andere, die Akzidenzien sind. Es gibt reale Seiende und mögliche Seiende.

Zu sein ist ein Verb. Aber es kann auch als Substantiv verwendet werden: "ein Sein" oder "sein ein Sein". In diesem letzten Fall sprechen wir von "das Seiende" oder "die Entität". Es ist notwendig, zwischen "ein Sein" und "sein ein Sein" zu unterscheiden, mit anderen Worten: "das Seiende".

Das Wort SEIN kann in allen Fällen uneindeutig verwendet werden, egal ob es das Sein als solches bezeichnet oder das Seiende bezeichnet. Aber dies verwirrt die Konzepte und macht jede Metaphysik unverständlich. Deshalb, wenn wir "ein Sein" oder "sein ein Sein" wollen, sagen wir "Seiende".

Sein, das als Substantiv betrachtet wird, absorbiert so absolut das gleiche Wort, das als Verb betrachtet wird, dass "sein ein Sein" und "Sein" verwirrend erscheinen.[97]

Was ist das Sein? Das Sein, wird geantwortet, ist das, was ist. Nichts Gerechteres; aber die Schwierigkeiten beginnen, sobald man versucht, den Sinn des Wortes "ist" zu definieren.[98]

Ursprünglich bezog sich das Wort "Sein" *(esse)* auf die Existenz der Sache. Esse bedeutete Existieren. Sankt Thomas verwendete *esse* gleichbedeutend für Sein oder für Existieren. Und das Wort *ens* wurde verwendet, "Seiende" zu bedeuten. Das ist das Seiende, das was ist. Oder, gemäß der oben gemachten Klarstellung: "sein ein Sein", das was ist.

Im Laufe der Zeit verlor *esse* seine Beziehung zur Existenz und umfasste auch mögliche Seiende (sie existieren nicht, könnten aber existieren) und Seiende der Vernunft (sie existieren nur im Geist). Von der Bezugnahme nur auf außermenschliche Seiende kam es zur Bezugnahme auf mentale Seiende. Von der Bezugnahme auf das "Sein", das in der Realität ist, kam es auch zur Bezugnahme auf das "Sein" im Geist.

Deshalb, wenn wir den Sachverhalt des Seins ohne mögliche Mehrdeutigkeit ausdrücken möchten, sagen wir nicht einfach, dass ein Seiende "ist", sondern dass es "existiert".[99]

Das Sein wird durch die Seienden erkannt.

Das Sein ist etwas Stabiles und Ruhendes im Seienden. Tatsächlich ist das Sein (esse) des Seienden ein Akt (keine Potenz) und eine Form (keine

Materie), und was weder Materie noch Potenz hat, ist deshalb dem Werden beraubt. Der Akt des Seins des im Werden begriffenen Seienden ist nicht im Werden. Das Gleiche kann auf andere Weise gesagt werden: Das esse des Seienden ist kein Seiendes, sondern vielmehr das, durch das das Seiende ist; das Sein des im Werden begriffenen Seienden ist nicht im Werden.[100]

Das Sein ist das Innerste jedes Dinges und dasjenige, was es am tiefsten durchdringt, lehrt Sankt Thomas (*Summa Theologica*, I q.8 a.1). Ohne das Sein wäre das Seiende nicht in der Realität präsent. Ohne das Sein wäre das Seiende nichts.

Das Sein ist die Vollkommenheit aller Vollkommenheiten, denn alle Vollkommenheiten des Seienden hängen letztlich von der Vollkommenheit des Seins ab.

Das Seiende in Akt ist vollkommener als das Seiende in Potenz. In diesem Sinne ist das Sein der Akt aller Akte. Es ist die Form aller Formen. Ohne es gäbe es weder seiendes Akt noch potenzielle Veränderungsmöglichkeit.

Das Sein selbst ist das Vollkommenste aller Dinge, denn es steht in Bezug zu allen Dingen als Akt. Denn nichts hat Aktualität, außer insofern es ist. Daher ist das Sein selbst die Aktualität aller Dinge und auch aller Formen. Tatsächlich steht es nicht in Bezug zu den anderen Dingen wie der Behälter zum Behaltenen, sondern insbesondere wie das Behaltene zum Behälter. Denn wenn ich das Sein des Menschen oder des Pferdes oder eines anderen Dinges sage, wird dieses Sein selbst als formal und empfangen betrachtet, nicht als etwas, dem es zukommt zu sein.[101]

Das Sein gehört nicht zur Entität als solche, sondern gehört ihr als empfangen. Und jedes Seiende empfängt es entsprechend seinem eigenen Wesen. Ein lebloses Objekt, wie ein Felsen, empfängt das Sein auf primitive und unvollkommene Weise; eine Pflanze empfängt es vollkommener; das Tier noch vollkommener; und der Mensch noch mehr als das Tier. Daher zeigt sich das Sein in jedem dieser Seienden unterschiedlich.

Alle Formen oder Wirklichkeiten des Seienden sind dem Sein nachgeordnet. Ich kann nur sagen, dass Peter groß ist, wenn ich zuvor behaupte, dass Peter ist. Daher gründen sich alle Formen oder Wirklichkeiten der Seienden auf dem Sein.

Die ontologische Unterscheidung der Seienden kommt nicht vom Sein, da alle es haben, sondern von dem Wesen der Seienden, das heißt von ihrer Natur. Jedes Seiende nimmt am Sein entsprechend seiner eigenen Natur teil. Der Stein nimmt das Sein in geringerem Maße wahr als die Pflanze, weil seine Natur das Sein in geringerem Maße empfängt, also auf unvollkommene und elementare Weise als die Pflanze.[102]

En den körperlichen und unkörperlichen Seienden (Engel) finden wir zwei unterscheidbare Prinzipien: Wesen und Existenz. In Gott identifiziert sich das Sein mit der Existenz.

Gott hat kein Sein, sondern ist das Sein, die Quelle aller Wirklichkeit und das Fundament jedes Seienden. Wenn Gott das Sein in Fülle besitzt und Vollkommenheit im Verhältnis zum Sein steht, dann ist Gott auch maximal vollkommen, weil er das Sein in seiner Gesamtheit hat. Nun, Gott, der sein eigenes Sein ist, (...) besitzt das Sein mit all seinen Möglichkeiten. Daher kann ihm keine der Vollkommenheiten fehlen, die für andere Seiende angemessen sind.[103]

Das Sein identifiziert sich nicht mit der Existenz, das heißt mit der Präsenz des Seienden an einem Ort zu einer bestimmten Zeit. Das Sein ist der Grund für sein Vorhandensein an einem Ort und zu einer bestimmten Zeit. Es ist der Grund für seine Existenz. Das Sein ist unterschiedlich von der Existenz. Es ist das Fundament des existierenden Seienden. Die Fülle des Seins setzt die Existenz voraus.

9. DIE ORIGINALITÄT DER TOMISTISCHEN LEHRE ÜBER DAS SEIN

Aufgrund ihrer Bedeutung geben wir hier die folgenden Worte des angesehenen Thomisten H.D. Gardeil wieder, die aus seinem Buch *Initiation a la Philosophie de S. Thomas d'Aquin. IV Métaphysique.* (3e édition) Les Éditions du Cerf. Paris. 1960. Seite 123. Dank ihrer klaren Meridiane sind Kommentare überflüssig.

Wenn wir es genauer betrachten, zeigt diese Analyse des Seins durch die wirkliche Unterscheidung des Wesen-Existenz-Paares eine tiefgreifende Veränderung der Ontologie von Aristoteles durch den heiligen Thomas. Und wie Gilson in seinem Werk über "Das Seiende und das Wesen" gezeigt hat, verleiht dies der Metaphysik des engelhaften Doktors eine sehr originelle Bedeutung, die nicht immer gut erkannt wurde, nicht einmal in seiner Schule.

Die konstanteste Tendenz der Philosophen, wie die Geschichte zeigt, war es immer, das Sein eher als eine Natur, als ein Wesen, zu betrachten. Dies ist offensichtlich im Platonismus, und die "ousia", die Substanz von Aristoteles, erscheint immer noch als eine Art wesentliches Subjekt. Avicenna -den Averroes in dieser Hinsicht jedoch mit großer Lebhaftigkeit kritisiert hat- vertritt hier eine Zwischenposition: Die Existenz erscheint bei ihm klar als eine Art von Entität, die von dem Wesen abgetrennt ist, aber während diese immer als der Hintergrund des Seins bleibt, ist dieser "actus existendi" nur eine einfache Akzidiens, die von außen zu diesem ursprünglichen Hintergrund hinzugefügt wird.

Wenn wir unsere Untersuchung mit Gilson fortsetzen würden, würden wir sehen, dass ein großer Teil der Scholastik, einschließlich der Anhänger von Duns Scotus und Suárez sowie der modernen Philosophie von Descartes über Wolff und Kant bis zu Hegel, sich mehr oder weniger bewusst von dieser wesensmäßigen Auffassung des Seins dominieren ließ.

Nun, wenn wir zu Sankt Thomas zurückkehren, sehen wir, dass er unaufhörlich behauptet, nicht so sehr, dass die Existenz in den geschaffenen Wesen wirklich von der Wesenheit verschieden ist -wofür er ohnehin keine Zweifel hat- sondern dass die Existenz der Akt oder die höchste Vollkommenheit des Seins ist, und dass Gott selbst das "Ipsum esse subsistens" ist. Das Sein ist daher für ihn, sowohl in Gott als auch in den Kreaturen, hervorragend Existenz. Es ist jedoch genauer, in seinem Geist zu betrachten -obwohl auch das Gegenteil vollkommen gesagt werden kann- dass das Sein eine Existenz ist, die durch eine Wesenheit bestimmt ist. In einem sehr anderen Sinne -und das muss betont werden- als es das Wort bei einigen zeitgenössischen Philosophen hat, kann die Metaphysik des heiligen Thomas als existentialistisch bezeichnet werden. Und unter diesem Titel stellt sie sich als äußerst originelles Denken dar, im Gegensatz zu antiken, scholastischen oder modernen Rationalismen.

10. DAS SEIENDE

Das Seiende ist nicht in der Lage, in einem eigentlichen Sinne definiert zu werden. Wenn wir eine Definition versuchen, geschieht dies allein, um die Realität zu klären, aber das Seiende übersteigt jede Definition. Es ist ein so weitreichend universelles Konzept, dass es nicht in andere, universellere Begriffe aufgelöst werden kann.

Genommen oder in seiner ganzen Universalität und Abstraktion betrachtet, bedeutet das Seiende, was Sein hat oder haben kann. Und daraus folgt: 1)Die Bezeichnung "Seiende" wird vom Sein oder Existieren (Esse) abgeleitet, und daher müssen die Modi und Bedeutungen des Seins auch die Modi und Bedeutungen des Seienden sein; 2)Die Bezeichnung "Seiende" umfasst sowohl das tatsächliche Sein als auch das mögliche Sein, ohne eines der beiden explizit auszuschließen oder zu bedeuten.[104]

Aristoteles hatte bereits erkannt, dass "das, was ist" (das Seiende) auf verschiedene Arten ausgedrückt werden kann. Ohne den Anspruch zu haben, es auszuschöpfen, sagen wir, dass das Seiende das ist, was ist. Wenn wir den Begriff des Seins von Sankt Thomas betrachten, können wir uns dem Seienden näher nähern, indem wir sagen: Das **Seiende ist eine Existenz, begrenzt durch ein Wesen.** Diese letzte Definition entspricht eindeutig dem realen Seienden, das ontologisch einzig relevant ist.

Ein äußerst einfaches Konzept, das durch Vergleiche und Beziehungen erklärt werden kann, aber nicht definiert werden kann. Es ist die klarste Idee und die erste, die unseren Verstand informiert. Daher sagt Sankt Thomas, dass die Vorstellung des Seienden die Grundlage und notwendige Bedingung unserer Wahrnehmungen und somit aller intellektuellen Funktionen ist.

Das Seiende hat drei Bedeutungen:

1-Das Seiende als das, was rein ideell ist. Das heißt: Das, was nur in unserem Verstand existiert. Es ist das Seiende der Vernunft. Zum Beispiel: Zahlen, geometrische Figuren usw. Es ist metaphysisch irrelevant.

2-Das Seiende als das Verhältnis zwischen den beiden Extremen eines Satzes. Es ist das logische Seiende.

3-Das Seiende als das, was außerhalb unseres Verstandes eine reale Existenz hat oder haben kann. Es ist das reale Seiende. Es ist das metaphysisch relevante Seiende.

Daraus folgt, dass das Seiende, in seiner ganzen Abstraktion oder möglichen Universalität, in Vernunfts-, Logik- und Real-Seiende unterteilt werden kann. Die Definition bezieht sich auf letzteres (...): "id quod habet vel potest habere esse", und das ist das eigentliche Objekt der Ontologie, denn die ersten beiden gehören eher zur Logik.[105]

Das erste, was unser Verstand erfasst, ist das Seiende. Es ist das erste Erkenntnisobjekt. Wie Sankt Thomas in der *Summa Theologica* I q.5 a.2 sagt:

*Primo autem in conceptione intellectus cadit **ENS**, quia secundum hoc unumquodque cognoscibile est, inquantum est actu, ut dicitur in IX Metaphys. Unde **ENS** est proprium obiectum intellectus, et sic est primum intelligibile, sicut sonus est primum audibile. Ita ergo secundum rationem prius est **ENS** quam bonum.*[106]

Die Übersetzung dieses Textes ins Deutsche unter Berücksichtigung der Bedeutung von **ENS** als Seiende und nicht als Sein ist wie folgt:

Das erste, was in das Konzept des Intellekts eingeht, ist das Seiende, weil etwas erkennbar ist, da es in Akt ist, wie es in der IX Metaphysik gesagt wird. Daher ist das Seiende das eigentliche Objekt des Intellekts und somit das erste intelligible Ding, wie der Klang das erste hörbare Ding ist.

Unabhängig davon, welches sein materielles Objekt ist, ist das Seiende der Aspekt, unter dem unser Intellekt alles erfasst oder versteht, was es versteht oder weiß.

Für Thomas von Aquin hingegen ist der Beginn des Denkens das Seiende, das heißt, "das, was ist" (id quod est), jenes, das den Akt des Seins ausübt. Das Denken entwickelt sich also aus dem Bewusstsein des Seins, dies ist, nach der ursprünglichen Erkenntnis von "was ist Seiendes".[107]

Das Konzept des Seienden ist in allen Konzepten vorhanden. Jedes Konzept reduziert oder löst sich darin auf. Alles, was ist, ist ein Seiende.

Das körperliche Seiende kann sich unter zehn verschiedenen Modalitäten präsentieren, die wir **KATEGORIEN** nennen. Wie wir bereits im ersten Buch dieser Serie gesehen haben und später ausführlicher entwickeln werden, ist die erste und wichtigste der Kategorien die Substanz. Die neun übrigen sind Akzidenzien. Es handelt sich um neun verschiedene Arten, Akzidenzien zu unterscheiden, nämlich: **Quantität, Qualität, Relation, Handlung, Leiden, Ort, Lage, Zeit und Besitz.** Wir können diese neun Modi Genera nennen.

Kurz gesagt: Das körperliche Seiende kann sich als Substanz oder als Akzidens präsentieren; und in letzterem Fall in neun verschiedenen Modi.

Sobald er sein Werk *De ente et essentia* beginnt, lehrt uns der heilige Thomas, dass der Begriff des Seiendes zwei Bedeutungen hat.

> 1-Das Seiende, das in den zehn Kategorien klassifiziert ist (Bedeutung, auf die wir bereits verwiesen haben); und
>
> *2-Das Seiende, das die Wahrheit von Aussagen bezeichnet.*

Betrachten wir diesen zweiten Fall. Gemäß ihm wäre es ein Seiende

(...) alles, was der Ausdruck einer bejahenden Aussage sein kann, auch wenn es in der Realität nichts entsprechendes hat. So können zum Beispiel alle Negationen und Entbehrungen in diesem Sinne Seienden sein. Man kann sagen "Aussage ist der Negation entgegengesetzt" und "Blindheit ist im Auge". Weder "Negation" noch "Blindheit" entsprechen jedoch etwas in der Realität, obwohl sie in ihnen existieren, aber als Mangel. Keiner von beiden ist ein Seiende im ersten Sinn (das heißt, gemäß der ersten Bedeutung: sie sind weder Substanzen noch Akzidenzien) *(...).*[108]

Das Seiende ist weder ein Genus noch eine Species. Das Konzept des Seienden liegt außerhalb aller Genera. Daher ist es kein univokes Konzept. Es ist auch nicht equivok. Es ist ein analoges Konzept. Wenn wir sagen, dass sich das Seiende in zehn Genera (Kategorien) gliedert, bedeutet dies nicht, dass es dies als ein Genus in anderen Genera oder Subgenera tut. Es geschieht vielmehr als analoges Konzept, das sich in seine Analogate unterscheidet.

Weil das thomistische Seiende sein eigenes Sein hat, das von jedem anderen verschieden ist, kann das Sein nur analog von zwei Substanzen ausgesagt werden; damit das Sein univok von zwei Dingen ausgesagt werden kann, müssten beide nur ein gemeinsames Sein haben und folglich nur eine einzige Sache sein.[109]

11.DAS SEIN UND DIE TEILHABE

Die göttliche Substanz ist dasselbe Sein, und das Sein geht von ihr aus. Boethius. *Über die Dreieinigkeit.*

Die Seienden sind, weil sie am Sein teilhaben, genauso wie das Lebende am Leben teilhat oder der Mächtige an der Macht.

Diese platonisch-augustinische Konzeption des Ursprungs war im Fundament der thomistischen Metaphysik verankert, wurde aber von der aristotelischen Vorstellung von Potenz und Akt in gewisser Weise verdunkelt und von Thomas von Aquin selbst und insbesondere von seinen Kommentatoren und Auslegern absorbiert.[110]

Teilhaben bedeutet, einen Teil von etwas zu empfangen. Es bedeutet daher, etwas in begrenztem Maße zu haben, was an sich selbst in völliger und vollständiger Form vorhanden ist. Der Engelische Doktor lehrt in der *Summa Theologica* I q.3 a.4 Resp.:

So wie das, was Feuer hat, aber nicht Feuer ist, durch Teilhabe im Feuer ist, so ist das, was Sein hat und nicht das Sein selbst ist, durch Teilhabe ein Seiendes.[111]

Deshalb hat jedes Seiende das Sein, aber nicht in seiner Vollkommenheit. Es hat es insofern es teilgenommen ist. Nur das subsistierende Sein, Gott, hat die Fülle des Seins. Alle Seienden nehmen an Seinem Sein teil. Sie haben das Sein, aber sie sind nicht das Sein. Sie haben es nur, weil es ihnen von Gott empfangen wird, der es ohne Grenzen und ohne Unterscheidung von Wesen und Existenz, Akt und Potenz, Materie und Form besitzt. Sankt Thomas lehrt:

Nichts kann Gott durch Teilnahme zugeschrieben werden. Gott ist sein eigenes Sein. Gott erhält sein Sein nicht von irgendetwas oder irgendjemandem.[112]

Der engelhafte Doktor erinnert in der *Expositio libri Boetii De ebdomadibus* (Exposition des Buches von Boethius über die Wochen) daran:[113]

Teilhaben bedeutet, einen Teil zu ergreifen, und deshalb, wenn etwas in besonderer Weise empfängt, was einem anderen in voller Weise gehört, wird gesagt, dass es davon teilhat.

In Lektion 2 des genannten Werkes erklärt Boethius das Konzept der "Teilhabe" in Bezug auf das Sein. Die Teilhabe impliziert, dass ein bestimmtes Seiendes oder Sein bestimmte Eigenschaften oder Merkmale haben oder teilen kann, die nicht wesentlich für seine Natur sind, aber aufgrund seiner Beziehung zu etwas anderem vorhanden sind.

Der Text besagt, dass das Sein an sich selbst nicht teilhaben kann, da es als etwas Abstraktes verstanden wird und nicht als ein Teilnehmer an sich selbst betrachtet werden kann. Was jedoch konkret ist, das heißt, individuelle Seiende, können an etwas mehr als ihrem Wesen teilhaben.

Die Teilhabe impliziert eine Art "Mischung" oder Einbeziehung von etwas Externem. Das heißt, ein konkretes Seiendes kann Eigenschaften oder Merkmale haben, die nicht wesentlich zu seiner Natur gehören, aber aufgrund seiner Teilhabe an etwas anderem vorhanden sind. Zum Beispiel kann ein Mensch die Eigenschaft der "Tierheit" teilhaben, da er nicht die Essenz des Tierseins in seiner Gesamtheit besitzt, aber einige gemeinsame Merkmale mit Tieren teilt.

Die Teilhabe impliziert daher eine Beziehung der Abhängigkeit oder Einflussnahme eines Seienden gegenüber einem anderen. Durch die Teilhabe können individuelle Seiende zusätzliche Eigenschaften erlangen oder Eigenschaften zeigen, die sie sonst nicht hätten. Es ist ein Konzept, das es ermöglicht zu verstehen, wie Seiende bestimmte Aspekte über ihre eigene Essenz hinaus teilen oder gemeinsam haben können.

Die Freude eines Freundes zu teilen bedeutet, dass nur er diese Freude auf vollständige und umfassende Weise hat. Aber nur er hat sie in voller und vollständiger Weise. Meine Teilhabe an seiner Freude mindert nicht seine eigene; im Gegenteil, sie stärkt unsere Freundschaftsbande. Spirituelle Güter werden geteilt. Materielle Güter werden aufgeteilt; und indem ich einen Teil besitze, vermindere ich das Ganze.

Nur Gott ist das Sein. Sankt Thomas lehrt in der *Summa Theologica* I q.44 a.1:

(...) Es ist notwendig, dass jedes Seiende, wie auch immer es sei, von Gott kommt. Denn wenn eine Sache durch Teilhabe in einer anderen vorhanden ist, muss sie in ihrem Sein durch den verursacht werden, dem es wesensmäßig gehört, wie Eisen durch das Feuer zum Brennen gebracht wird. Nun wurde zuvor gesehen, indem die göttliche Einfachheit behandelt wurde, dass Gott das in sich selbst subsistierende Sein ist; und außerdem kann das in sich selbst subsistierende Sein nur einzig sein: so könnte die Weiße, wenn sie subsistierend wäre, nur einzig sein, da die Weißen durch die sie aufnehmenden Subjekte vervielfältigt werden. Es folgt daher, dass alle Seienden, die von Gott verschieden sind, nicht ihr eigenes Sein sind, sondern am Sein teilhaben. Und folglich muss alles, was sich unterscheidet, verschiedene Teilhaben am Sein sein, sodass es mehr oder weniger vollkommen sei, verursacht durch ein erstes Sein, das höchst vollkommen ist. Daher sagte Platon, dass vor jeder Vielheit die Einheit gesetzt werden muss, und Aristoteles (Metaphysik., a, c, 1, 993 b 23), dass das höchste Sein und die höchste Wahrheit die Ursache von allem Sein und allem Wahren ist, so wie die höchste Hitze die Ursache von aller Hitze ist.[114]

Die Seienden sind nicht das Sein: Sie haben es, sie nehmen daran teil. Aber sie sind es nicht. Daher wiederholt Sankt Thomas in der *Summa Theologica* I q.3 a.4:

> *Das, was Sein hat und nicht das Sein selbst ist, ist ein Seiendes durch Teilhabe*

Jedes Seiende hat das Sein auf unterschiedliche Weise. Das bedeutet: Sie nehmen auf unterschiedliche Weise am Sein Gottes teil. Ein Seiendes wird umso perfekter sein, je näher oder weiter es vom Sein Gottes entfernt ist. Das Sein der geschaffenen Seienden ist nicht das gleiche Sein wie das Gottes, es ist nicht Gott. Das Sein des geschaffenen Seienden ist auch von Gott in ihm geschaffen. Es nimmt an Seinem Sein teil, ist aber nicht Sein Sein.

Die Kreatur ähnelt dem Schöpfer im Sein; aber sie unterscheidet sich darin, dass ihr Sein teilhaftig ist und in Verbindung mit einer Potenz steht. Dies ist der radikale metaphysische Unterschied zwischen Gott und der Kreatur.[115]

Die Lehre von der Teilhabe ermöglicht es Thomas von Aquin, die Vielfalt zu denken, ohne die Einheit zu leugnen, und die Einheit zu denken, ohne die Vielfalt zu denken.

Alle Dinge sind eins, insofern sie allesamt das Sein haben. Dennoch sind alle Dinge unterschiedlich, und es gibt keine zwei Dinge, die gleich sind, weil jedes sein Sein entsprechend seiner Natur hat. Auf diese Weise übernimmt Sankt Thomas die dialektische Einheit-Vielfalt, die von den Griechen übernommen wurde, und löst sie durch dieses metaphysische Instrument der Teilhabe am Sein.[116]

12. DAS SEIN UND DAS LEBEN

Lehrt Sankt Thomas:

(...) die lebendigen Sein werden jene Sein genannt, die sich selbst bewegen oder handeln; jene, die von Natur aus weder sich bewegen noch handeln können, können nur durch Ähnlichkeit als lebendig bezeichnet werden.[117]

Das Leben besteht in einer inneren Kraft oder Aktivität, durch die das Seiende, das sie besitzt, sich selbst bewegt.

Das Lebende ist das Seiende, das von Natur aus die aktive Fähigkeit hat, sich selbst zu bewegen, um seine Operationen auszuführen.[118]

(...) für Sankt Thomas ist das lebende Seiende eines, das "sich selbst bewegt", das heißt, das die Eigenschaft hat, einen Zyklus definierter Veränderungen zu durchlaufen, durch die Mittel, die seine eigene Natur bestimmt.[119]

Das Konzept des Lebens leitet sich aus unserer eigenen Erfahrung ab, insbesondere aus unserer inneren Erfahrung. Durch die persönliche Innenschau erkennt jeder einzelne, dass er ein lebendiges Sein ist, wie durch seine Fähigkeit, sich zu bewegen, die Arme auszustrecken, zu gehen, Empfindungen zu erleben und an intellektuellen Aktivitäten teilzunehmen, gezeigt wird.

Einige Philosophen lehnen jedoch das Zeugnis des gesunden Menschenverstandes ab. Sie machen *a priori* Aussagen, dass das Leben eine inhärente Eigenschaft aller Sein ist, eine Perspektive, die als Panpsychismus bekannt ist. Die Hylozoisten wie Thales und Anaximander in der Antike sowie Haeckel in der Moderne argumentieren, dass das Leben eine wesentliche Eigenschaft aller Materie ist. Die Pantheisten schlagen vor, dass die Welt selbst ein lebendiges Sein ist. Einige Materialisten leugnen die Existenz des Lebens.

Das Leben besteht im Wesentlichen aus der **Eigenbewegung**, bei der lebende Sein eine intrinsische Fähigkeit zur aktiven Bewegung haben.

Wenn wir von Bewegung sprechen, muss dies nicht nur im engeren Sinne des Ortswechsels verstanden werden, sondern umfasst jegliche Veränderung, Funktion und reale immanente Operation oder Empfang im Subjekt, die aus einem inneren Prinzip stammt.

Wenn das Leben nun in einer knapperen Formel definiert werden soll, kann man sagen, dass das Leben ist: eine substantielle innere Kraft oder Aktivität, durch die das Subjekt innewohnende Bewegungen und Operationen ausführt.[120]

Das Leben erfordert drei Hauptbedingungen:

1.Dass das Prinzip der Bewegung oder Operation intern ist, d.h. dass es im Wesen des lebenden Seiende selbst liegt. So dass das Seiende sich aufgrund einer angeborenen und innewohnenden Aktivität und Kraft zur Handlung bestimmt und anwendet.

2.Dass das Ende der vitalen Handlung dasselbe Seiende ist. Zum Beispiel: die Verdauung und das Sehen bei Tieren. Das sind Funktionen und Operationen, die im Seiende selbst empfangen und beendet werden, weshalb sie inmanente genannt werden.

3.Dass die Ausübung des Lebens eine Perfektion des Seiende einschließt. Diese Bedingung ist ein Ergebnis der beiden vorherigen: Wenn das Seiende sowohl das Prinzip als auch das Ziel der vitalen Bewegung ist, ist es klar, dass die zweite Handlung des Lebens eine Aktualität und folglich eine subjektive Perfektion des lebenden Seiende mit sich bringt.[121]

Wenn diese drei Bedingungen erfüllt sind, hat das Seiende Leben. Es ist ein Lebendiges.

Das Lebende ist das Seiende, das sich selbst bewegt, aber der Begriff "Bewegung" muss in einem weiten Sinne verstanden werden. Bewegung ist der Akt des Seins in Potenz, als solcher. Sich zu bewegen bedeutet, von Potenz zum Akt überzugehen. In diesem Sinne ist jede Translation, Generation, Korruption, d.h. jede qualitative oder quantitative Veränderung, eine Bewegung. Ebenso sollte die Aktivität des Verstehens, des Liebens oder des Begehrens als Bewegung betrachtet werden.[122]

Wir können zwei weitere Schlussfolgerungen ziehen:

1.Je perfekter die Art und Weise ist, wie das Seiende sich selbst bewegt, desto vollkommener wird sein Leben sein.

2.Die unterschiedlichen Grade des Lebens der Seienden müssen in Beziehung zu den Unterschieden und Vielfalt der Arten betrachtet werden, wie ein Seiende sich selbst bewegt.

Zusammenfassend lässt sich sagen: **Ein lebendes Sein wird als eine Substanz definiert, die aufgrund ihrer eigenen Natur in der Lage ist, sich selbst zu bewegen**. In dieser Definition:

a)Bezieht sich die **Substanz** auf ein einzigartiges Sein mit einer unterscheidenden Natur. Daher kann eine Maschine nicht als lebendiges Sein betrachtet werden, da es sich nicht um ein einzigartiges Sein handelt, sondern um eine künstliche Konstruktion.

b)Die **Selbstbewegung** umfasst drei Aspekte:

1-Transitive Handlung, die ein Ergebnis erzeugt, das im Agenten verbleibt

2-Inmanente Operation, die einen Übergang von Potenz zu Akt beinhaltet, wie die Akte der Wahrnehmung, des Willens und des Intellekts in geschaffenen Sein

---

3-Inmanente Operation, die ohne einen Übergang von Potenz zu Akt stattfindet, wie zum Beispiel ein Akt des Intellekts in Gott

---

Ein lebendiges Sein kann auf drei Arten bewegt werden:

1.Die vitale Operation geht von einem selbstbewegten Subjekt aus oder von einem Subjekt, das in seiner Natur das Prinzip und die hinreichende Ursache für die Ausführung der Bewegung hat, aber nicht das Prinzip und die hinreichende Ursache für die Form und das Ziel der Bewegung.

2.Die vitale Operation geht von einem selbstbewegten Subjekt aus oder von einem Subjekt, das in seiner Natur das Prinzip und die hinreichende Ursache für die Ausführung der Bewegung hat und auch das Prinzip und die hinreichende Ursache für die Form, die die Bewegung bestimmt und spezifiziert, aber nicht für ihr Ziel.

3.Die vitale Operation geht von einem selbstbewegten Subjekt aus oder von einem Subjekt, das in seiner Natur das Prinzip und die hinreichende Ursache für die Ausführung der Bewegung hat und auch das Prinzip und die hinreichende Ursache für die Form und das Ziel der Bewegung.

*In Übereinstimmung und Beziehung zu diesen drei Arten innerer und vitaler Aktivität gibt es drei Arten oder Grade des Lebens und drei Grade der Seienden, die sind: **1.Seienden mit pflanzlichem Leben**, die die interne Kraft haben, sich selbst zu bewegen, indem sie vitale Bewegungen oder Funktionen ausführen, aber deren Form und Ziel von der Natur oder vielmehr von ihrem Schöpfer vorbestimmt sind und folglich, obwohl sie wahre Seiende sind, weil sie ausreichende Aktivität in sich haben, um inmanente Bewegungen und Veränderungen auszuführen, sind sie relativ unvollkommene Seiende, da sie Form und Ziel dieser Bewegungen von außen empfangen. **2.Seienden mit sinnlichem oder tierischem Leben**, die sich selbst bewegen, nicht nur weil und wenn sie in Bezug auf eine interne Aktivität Operationen ausführen, sondern auch durch die Form, die die Art und Weise und die Spezies der Bewegung bestimmt, d.h. die Vorstellung* *des vom Tier wahrgenommenen Objekts, die innerhalb des Tieres liegt und die Operation oder vitale Funktion bestimmt. **3.Seienden mit intellektuellem Leben**, die die ausführende Kraft der vitalen Operationen, die Form oder das Bild des Objekts in Bezug auf das die vitale Funktion ausgeführt wird, und auch das Ziel, d.h. die Kenntnis des Ziels als solches, um dessentwillen diese oder jene Bewegungen ausgeführt werden, in sich tragen; im Gegensatz zu den Tieren, deren instinktive und notwendige Bewegungen sich auf ein vorherbestimmtes und von der Natur vorgegebenes Ziel beziehen.*[123]

Es ist ratsam, zu diesem Zeitpunkt zu definieren, was das **vitale Prinzip** eines jeden lebendigen Seiende ist:

Unter vitalem Prinzip verstehen wir diese Realität, die der erste Grund ist, warum das Seiende A, das es hat, lebendig ist und sich vom nicht lebenden Seiende B unterscheidet; Es ist so, dass das lebende oder lebende Seiende sich wesentlich vom nicht lebenden oder leblosen Seiende unterscheidet: Daher ist das vitale Prinzip eines jeden Lebenden das Prinzip und die hinreichende Ursache für die eigene Natur dieses lebenden Seins als lebendiges Seiende, und der Ursprung seiner Vitalität ist etwas, das zur Essenz des Lebenden gehört.[124]

In jedem lebendigen Sein gibt es ein einziges vitales Prinzip. Es ist die Seele, die drei Funktionen erfüllt: die vegetative, die sensitive und die intellektuelle. Die vegetative Funktion umfasst nur Pflanzen, die vegetative und die sensitive Funktion nur Tiere, und alle drei Funktionen den Menschen.

Das Leben ist nicht vor dem Sein. Ich habe Leben, weil ich bin. Das Leben setzt das Sein voraus. Das Leben zeigt eine Art der Teilhabe am Sein, die den unbeweglichen Enten fehlt. Diese nehmen am Sein teil, aber auf eine elementarere Weise. Sie sind, aber sie leben nicht.

13. DIE ORDNUNG DER SEIENDEN

Die Lehre, dass alle Seienden nach einer bestimmten Hierarchie geordnet sind, stammt von Platon und Aristoteles, aber wo sie zuerst vollständig in einem kohärenten allgemeinen Schema erscheint, ist im Neuplatonismus. Zwei Autoren, die in ihrer Überlieferung hervorstechen, sind der heilige Augustinus und der Pseudo-Dionysius. Der erste von ihnen brillierte, als er es in seinem Werk *De natura boni contra Manicheos* ausführte, was einen besonderen Einfluss auf den heiligen Thomas von Aquin hatte.

Sankt Thomas lehrt:

Gleiches gilt für die Teile des Universums. Jedes Geschöpf ist zuerst für seine eigene Handlung oder Tätigkeit da. Zweitens sind die weniger edlen Geschöpfe für die edleren da, wie die unteren Geschöpfe für den Menschen. Drittens ist jedes von ihnen für die Vollkommenheit des Universums da. Schließlich ist das gesamte Universum mit all seinen Teilen auf Gott als sein Ziel ausgerichtet, da es die göttliche Güte durch gewisse Nachahmung repräsentiert, zur Ehre Gottes. Die vernunftbegabten Geschöpfe haben Gott auf besondere Weise als Ziel, da sie durch ihre Tätigkeit in der Lage sind, ihn zu erkennen und zu lieben.[125]

Alle Seienden sind, aber sie sind auf unterschiedliche Weise. Daher können sie in Klassen, Gattungen und Arten gruppiert werden.[126] Jede Art besteht aus Individuen. Innerhalb jeder Art unterscheiden sich die Individuen voneinander durch individuelle Unterschiede.

Die Seienden sind nicht auf einer gleichen Ebene oder in einer gleichen Ebene angeordnet. Es gibt eine Hierarchie unter ihnen, die ihrer größeren oder geringeren Vollkommenheit entspricht. Dies entspricht ihrer größeren oder geringeren Fülle des Seins. Sankt Thomas lehrt:

Je weiter etwas von dem entfernt ist, was von sich aus Sein hat, das heißt von Gott, desto näher ist es zum Nicht-Sein, und je näher es Gott ist, desto weiter entfernt ist es vom Nicht-Sein.[127]

Vergessen wir nicht, dass alle Seienden (endliche und unendliche, körperliche und unkörperliche) am göttlichen Sein teilhaben. Andernfalls würden sie nicht existieren. **Gott ist der Einzige, der die Fülle des Seins hat, der aus sich selbst existiert.** Alle anderen Seienden erhalten ihr Sein von Gott. Nun, je nach größerer oder geringerer Fülle des Seins, das heißt je nach dem Platz, den sie in der Hierarchie einnehmen, wird jedem Seienden ein höherer oder geringerer Wert zugeschrieben.

Die Theorie von Gutheit und Vollkommenheit, die der heilige Augustinus, inspiriert von dem Buch der Weisheit, in seiner Abhandlung "De natura boni contra Manicheos" vorschlägt und die mit so viel Hartnäckigkeit und in so vielfältiger Form in seinen Werken und in denen anderer Autoren wie dem heiligen Bonaventura wiederkehrt, kann als einer der Grundpfeiler der thomistischen Philosophie betrachtet werden und, genauer gesagt, der Lehre über die Skala der Seienden, die ihre deutlichste und offenbarste Ausprägung ist und die wir bei Sankt Thomas vollständig formuliert finden.[128]

Die Ordnung, die unter den Seienden herrscht, ist eine geordnete Ordnung, sie ist der Ausdruck einer inneren Forderung, die ein Sollen voraussetzt, das heißt ein Prinzip und ein Ziel. Darüber hinaus ist es eine hierarchische Ordnung: Es kann Unterscheidungen zwischen den Seienden geben und sie entsprechend ihren Graden oder Klassen klassifizieren. *Wo es Ordnung gibt, muss es Unterscheidung geben.*

Ordnung bedeutet also nicht nur eine einfache Vielfalt, sondern eine vereinte Vielfalt. Diese Vereinigung könnte einfach äußerlich sein, aber wir sehen, dass die Ordnung der Seienden mehr ist als das, sie ist mehr als eine einfache Anordnung oder Position von ihnen an diesem oder jenem Ort. Wir erkennen, dass die Ordnung, die unter ihnen herrscht, eine geordnete Ordnung ist, sie ist der Ausdruck einer inneren Forderung, die ein Sollen voraussetzt, das heißt ein Prinzip und ein Ziel.[129]

Der Begriff der Ordnung ist also für verschiedene Nuancen empfänglich:

1.Er drückt ein Verhältnis der Zielgerichtetheit aus. Dieses Verhältnis ist dynamisch. Alles Seiende strebt einem Ziel zu.

2.Er drückt ein Verhältnis der formalen Ursache aus. Dieses Verhältnis ist statisch. Und in diesem Sinne unterscheidet man: 2.1.Die lokale Ordnung: die Anordnung, bei der jedes Seiende seinen Platz einnimmt. 2.2.Die Gruppenordnung: Die Seienden werden nach ihren Ähnlichkeiten gruppiert.

Von den beiden beschriebenen Bedeutungen ist die erste, die Ordnung der Zielgerichtetheit, die höchste. Deshalb können wir sagen, dass sie die Grundlage der anderen ist. **Die Ordnung ist das Ergebnis der Zielgerichtetheit**.

Wenn also die Philosophie von Sankt Thomas als eine Philosophie der Ordnung definiert wird, bezieht sich der Begriff der Ordnung nicht nur auf die statische Ordnung, sondern sollte als Ergebnis der Zielgerichtetheit verstanden werden und daher als eine dynamische oder tendenzielle Ordnung. Auf diese Weise können wir, indem wir dem Aquinaten folgen, einen Begriff der Ordnung festlegen, bei dem nicht nur die formale oder spezifische Unterscheidung zwischen den verschiedenen Seienden berücksichtigt wird, sondern auch die Einheit bei der Erreichung des Ziels.[130]

Die Zielgerichtetheit lässt sich in zweifacher Hinsicht unterscheiden. Sie ist eine **immanente Zielgerichtetheit**, die das Seiende in der Erfüllung seiner eigenen Operationen und der Beziehungen, die es zu anderen Seienden unterhält, sucht. Und sie ist eine **transzendente Zielgerichtetheit**, durch die sich die Seienden auf ein äußeres Ziel ausrichten, das sie übersteigt.

Dies wird im Ordnungssystem des Universums deutlich. Die Ordnung des Universums ist ein Gut. Die Seienden sind auf ihre Erreichung ausgerichtet. Aber dieses Gut ist nicht das letzte Ziel des Universums. Jedes der Seienden und das Universum selbst streben nach einem größeren Gut: Gott. Die Ordnung des Universums hat eine aufsteigende Bewegung, die die Vereinigung mit Gott selbst als ihrem Gut sucht.

Der Begriff der Ordnung ist mit dem Begriff der Vollkommenheit verbunden, den es zu unterscheiden gilt. Als **vollkommen** versteht man:

1.Was abgeschlossen ist. Im Gegensatz zu Keimen oder Anfängen. Ein vollkommenes Seiendes ist ein Seiendes, das die Fülle des Seins gemäß seiner Natur hat.

2.Was edel ist. Im Gegensatz zu Niedrigem und Wertlosem. Ein edles Seiendes ist ein wertvolles Seiendes. In diesem Fall werden die verschiedenen Grade der Vollkommenheit (verstanden als Edelkeit) der Seienden durch ihre verschiedenen Arten der Teilhabe am Sein bestimmt.

Die bereits dargelegten Thesen über die Ordnung des Universums und den Begriff der Vollkommenheit implizieren die Existenz einer Skala der Seienden, in der beide Thesen notwendigerweise konvergieren. Gemäß dieser neuplatonischen Lehre, die von Sankt Thomas in sein System aufgenommen und vollständig ausgearbeitet wird, sind die Seienden der Natur allmählich in verschiedenen Arten nach ihrer größeren oder geringeren Vollkommenheit geordnet, und gemäß dem Prinzip, dass das höchste Seiende in einer Ordnung das am wenigsten vollkommene Seiende der unmittelbar höheren Ordnung erreicht.[131]

Das Seiende, das Leben hat, nimmt am Sein vollkommener teil als das nicht lebende Seiende. Ein lebendiges Seiende ist ein Seiende, das sich von sich aus bewegt, um seine Operationen zu verwirklichen, das heißt, um sein Ziel zu erreichen.[132]

Unter den Lebewesen gibt es eine Hierarchie entsprechend dem höheren oder geringeren Grad an Autonomie in der Bewegung, um sein eigenes Ziel zu erreichen. Je weniger es von anderen benötigt, um die Bewegung auszuführen, desto vollkommener ist es. Die unteren Seienden sind den höheren Seienden untergeordnet.

Der erste Grad des Lebens wird von den Pflanzen eingenommen, die lediglich Ausführende sind; der zweite Grad von den Tieren, die mehr Autonomie in ihrer Handlung besitzen; und der dritte Grad vom Menschen. Dieser besitzt die Intelligenz, die es ihm ermöglicht, die Ziele von den Mitteln und die Art des Handelns zu unterscheiden. Allerdings ist seine Intelligenz nicht völlig autonom, da dem Menschen die rationalen Ersten Prinzipien gegeben sind und er zur letzten Bestimmung geneigt ist. Deshalb entspricht das höchste Niveau in der Skala der Lebewesen Gott, der höchst autonom ist.

Die Skala der Seienden hat an ihrer Basis die unbelebten körperlichen Sienden. Über ihnen erscheinen die irrationalen Lebewesen. An erster Stelle stehen die Pflanzen. An zweiter Stelle die Tiere. An dritter Stelle die Menschen. Über den rationalen Lebewesen stehen die rationalen immateriellen Sienden. Dies sind die reinen Formen oder Engel. Über den Engeln steht das Höchste Sein, Gott. Und, erinnern wir uns daran, in jedem Teil können weitere Unterscheidungen vorgenommen werden, je nach der größeren oder geringeren Vollkommenheit des Sienden; das heißt, je nach seiner größeren oder geringeren Teilnahme oder Nähe zum Höchsten Sein.

Zusammenfassend können wir sagen, dass die Seienden sich nicht nur untereinander in Bezug auf die Erfüllung ihrer eigenen Operationen und die Erreichung einer allgemeinen Ordnung ordnen, indem sie dem Schema eines immanenten Finalismus folgen, sondern dass alle natürlichen Seienden in ihrer Tendenz zum Guten auch an der göttlichen Vollkommenheit teilhaben möchten -und dies ist das, was als transzendenter Finalismus bekannt ist-: Alle Dinge streben danach, an Gott nicht nur als Sein, sondern auch als Gut teilzunehmen. Alle Seienden sind auf das göttliche Gute als ihr Ziel ausgerichtet.[133]

14. DAS SEIN UND DAS HANDELN

Das Seiende ist eins durch das Sein, nicht durch seine Handlungen, die vielfältig sein können.

Diese Unterscheidung zwischen dem Sein des Seienden und seinen Handlungen ergibt sich auch leicht aus der Begrenztheit der Operationen des Seienden. Während wir eine Sache tun, können wir keine andere tun oder zumindest nicht alle anderen.[134]

Die Handlung identifiziert sich nicht mit dem Sein. Sie identifiziert sich auch nicht mit dem Seienden, seiner Substanz oder seiner Essenz. In diesem Sinne ist die Handlung ein Akzidiens. Das Seiende handelt, aber es ist nicht sein Handeln. Das Seiende bleibt als solches bestehen, auch wenn es nicht handelt.

Gott ist vollkommen. Die geschaffenen Seienden sind vervollkommnungsfähig. Aufgrund dieser wirklichen Unterscheidung zwischen ihrem Sein und ihrem Handeln müssen die Geschöpfe handeln, um sich zu vervollkommnen. Der Grund dafür kann wie folgt ausgedrückt werden: Etwas ist perfekt, insofern es im Akt ist; daher wird die letzte Vollkommenheit des Seienden durch sein eigenes Handeln erreicht.[135]

Etwas handelt, insofern es ein Seiendes ist. Das Handeln setzt das Sein voraus. Nur ein Seiendes kann Operationen entwickeln. Es gibt zwei Arten von Handlungen:

1.**Eine, die vom Agenten auf etwas Externes gerichtet ist**, das es verändert (oder eigentliche Handlung). Sie überträgt Vollkommenheit auf ein anderes Seiendes. Deshalb werden sie transitiv genannt. Zum Beispiel: lehren, dekorieren, etc.

2.**Eine andere, die vom Agenten auf sich selbst gerichtet ist** (oder Operation). Sie vervollkommnet das Seiende, das handelt. Deshalb werden sie inmanente Handlungen genannt. Zum Beispiel: das Verstehen und das Wollen.

Sankt Thomas lehrt:

Es gibt zwei Arten von Handlungen. Eine stammt vom Agenten und richtet sich auf etwas Äußeres, das es verändert. Ein Beispiel für diese Art von Handlung ist die Erleuchtung, die angemessen als Handlung bezeichnet werden kann. Die zweite Art von Handlung richtet sich nicht auf etwas Äußeres, sondern verbleibt im Agenten als seine Vollkommenheit. Dies wird angemessen als Operation bezeichnet. Das Strahlen ist ein Beispiel für diese Art.[136]

Das Seiende handelt durch die wirkenden Fähigkeiten oder Potenzen. Diese kommen aus seiner Natur oder Essenz, sind aber nicht seine Natur oder Essenz. Sie sind Akzidenzien.

Beim Menschen gibt es zum Beispiel Potenzen, die die Sinne benötigen, um zu existieren: das Sehen, das Hören, etc.; andere benötigen den Körper nicht, da sie der rationalen Natur der Seele eigen sind, wie das Verstehen oder das Wollen.[137]

Das Seiende kann wählen, seine Kräfte nicht zu nutzen, das heißt, davon abzusehen zu handeln. Die Potenzen sind von ihren Akten verschieden.

Es wäre jedoch irreführend zu denken, dass diese Unterscheidungen eine ontologische Zersplitterung im Subjekt verursachen. Das Handeln des Geschöpfes ist eine einheitliche Sache; oder mit anderen Worten, die wirkenden Potenzen sind miteinander koordiniert. Die Akte sind Akte dieser Potenzen; die Potenzen spiegeln die spezifische Natur wider. Und die Wurzel dieser Einheit ist die Einheit des Seienden, des Subjekts, das ein einziges Sein besitzt.[138]

15. DIE TRANZENDENTALIEN

Eine Eigenschaft im eigentlichen Sinne ist ein Akzidiens, der notwendigerweise aus den konstituierenden Prinzipien einer Essenz hervorgeht. Zum Beispiel ist die Lachfähigkeit eine Eigenschaft des Menschen; das Verständnis ist eine Eigenschaft einer immateriellen Substanz.

Daher gibt es zwei Anforderungen, damit eine Eigenschaft im eigentlichen Sinne betrachtet wird:

1.Eine notwendige Verbindung mit dem Wesen einer Sache.

2.Eine reale Unterscheidung zwischen der Eigenschaft und dem Wesen, aus der sie hervorgeht.

Da das Sein transzendental ist, kann nichts Reales vom Sein selbst unterschieden werden. Daher können die Eigenschaften des Seins (Seiende) nicht wirklich vom Sein (Seiende) unterschieden werden.[139]

Die Tranzendentale sind die allgemeinen oder gemeinsamen Eigenschaften eines jeden Seienden. Sie werden auch als tranzendentale Eigenschaften bezeichnet. Sie sind ein grundlegender Aspekt des Begriffs des Seins und seiner Verständnis. Diese Eigenschaften erforschen die Natur des Seiende und seine Beziehung zu anderen Seienden.

Einige thomistische Autoren identifizieren fünf Tranzendentale: *res* (Ding), *unum* (eins), *aliquid* (etwas), *verum* (Wahrheit) und *bonum* (Gut). Andere betonen, dass "Ding" und "Sein" als Synonyme betrachtet werden können, da das Sein an sich selbst ein existierendes Ding ist.

Allerdings unterscheiden die meisten qualifizierten Thomisten nur drei Transzendentale: das Eine, das Wahre und das Gute.

Das Konzept des "Schönen" wird nicht als tranzendentale Eigenschaft betrachtet, obwohl es eine gewisse Tranzendenz aufweist. Im Gegensatz zu den vorherigen Eigenschaften leitet sich das "Schöne" nicht direkt aus dem Sein ab, sondern bezieht sich auf die Konzepte von Wahrheit und Gut, indem es ein ästhetisches Vergnügen in den kognitiven Fähigkeiten ausdrückt.

Es wird sofort bemerkt, dass der Begriff Eigenschaft hier in einem weiten Sinne verstanden werden muss, nicht als würde er eine Entität ausdrücken, die fremd zum Wesen einer gegebenen Realität ist, was im Falle des Seins (Seiende) unmöglich ist, sondern um dieses Wesen selbst unter einem bestimmten Aspekt zu bezeichnen. Transzendental wiederum hat die gleiche Bedeutung wie bezüglich des Seins (Seiende): Das Tranzendentale ist das, was in allen Gattungen des Seins (Seiende) zu finden ist. Um diese Allgemeinheit auszudrücken, wird gesagt, dass diese Modi mit dem Sein (Seiende) konvertibel sind, dh in den Sätzen, die sie bilden, kann das Sein (Seiende) oder einer seiner Modi gleichermaßen als Subjekt oder Prädikat genommen werden. So sagt man "das Sein (Seiende) ist eins", "das Eins ist Sein (Seiende)".[140]

Sankt Thomas lehrt, dass dem Seienden nichts hinzugefügt werden kann, das wie eine fremde Natur zu ihm wäre, so wie der Unterschied dem Genus oder das Akzidens der Substanz hinzugefügt wird. Dies liegt daran, dass jede Natur wesentlich Seiende ist. Außerdem gibt es außerhalb des Seienden nichts. Nichts kann ihm äußerlich hinzugefügt werden.

Der Begriff des Seienden erstreckt sich auf alles Gemeinsame der Seienden und auf alles Unterscheidende von jedem der Seienden.[141]

Das Einzige, was dem Seienden hinzugefügt werden kann, ist ein Modus des gleichen Seienden, der in ihm vorhanden ist, aber nicht in einem Begriff expliziert ist. Was hinzugefügt wird, ist dann ein impliziter Modus des Seienden. Eine solche Addition besteht letztendlich darin, einen impliziten Inhalt explizit zu machen.[142]

Diese Addition oder Explikation kann auf zwei Arten erfolgen, wie Sankt Thomas in *De Veritate* q.1 lehrt:

1.Dass der ausgedrückte Modus ein spezieller Modus des Seiende ist. Es sind die zehn höchsten Gattungen, auch Kategorien oder Prädikamentale genannt. Die erste ist die Substanz. Die neun anderen sind die Akzidenzien: Quantität (Menge) - Qualität (Beschaffenheit) - Relation (Beziehung) - Ort (Örtlichkeit) - Zeit (Zeitspanne) - Lage (Position) - Besitz (Eigentum) - Handlung (Tätigkeit) - Leiden (Leidenschaft).

2.Dass der ausgedrückte Modus ein Modus ist, der allgemein jedem Seienden zukommt. Diese Modi haben die gleiche Universalität wie das Sein (Seiende): Sie beschränken es weder in seinem Verständnis noch in seinem Umfang. Es sind die Tranzendentale.

Wie auch das Konzept des Siende keine Gattungen sind, weil sie jedem Siende zukommen, auch allen Kategorien, und in diesem Sinne, ebenso wie das Siende, ab der Summa de Bono von Philipp dem Kanzler Tranzendental genannt werden, weil sie die kategoriale Ordnung überschreiten. Ihre Allgemeinheit ist keine generische, sondern tranzendentale.[143]

Die Tranzendentale leiten sich nicht notwendigerweise von dem Wesen des Seienden ab.

(...) Sankt Thomas zeigt zunächst die Sorge, die radikale Einheit der Tranzendentalen mit dem Sein (Seiende) zu bestätigen: das Eine und das Sein (Seiende) bedeuten zum Beispiel keine verschiedenen Naturen, sondern eine einzige und gleiche Natur, "unum autem et ens non diversas naturas sed unam significant." Daher bilden die Tranzendentalen keine wirklich verschiedenen Realitäten.[144]

Die Tranzendentalen offenbaren eine Facette des Seiende, die damit ausdrücklich manifestiert wird.

Was die Natur der Tranzendentalen betrifft, wird betont, dass sie mit dem Sein völlig identifiziert sind und ihm gleichwertig sind. Diese Eigenschaften sind vor der Aufteilung des Seins in Akt und Potenz sowie vor der Aufteilung in Kategorien oder höchste Gattungen des Seins. Sie werden Tranzendentale genannt, weil sie tatsächlich mit dem Sein zusammenfallen, das jede ontologische Kategorie überschreitet.

Es ist wichtig zu betonen, dass, obwohl die Tranzendentalen nicht wirklich vom Sein unterschieden werden können, es konzeptuell eine Unterscheidung zwischen ihnen und dem Sein gibt. Obwohl das Sein in ihrem Konzept enthalten ist, trifft dies nicht umgekehrt zu, was auf eine Unterscheidung des Grundes zwischen den Tranzendentalen und dem Sein sowie untereinander hindeutet. Daher handelt es sich nicht um bloße Tautologien, da sie Modi ausdrücken, die nicht ausschließlich im Begriff des Seins enthalten sind. Diese Eigenschaften sind Verstandesentitäten, die eine Verneinung enthalten, die die Unteilbarkeit des Seins selbst *(unum)* ausdrückt, und zwei Beziehungen, die die Beziehung des Seins zur Intelligenz *(verum)* und die Beziehung des Seins zum Appetit oder zur Tendenz *(bonum)* ausdrücken.

Was sie dem Seienden hinzufügen, ist nichts Reales, da jeder von ihnen denselben Inhalt wie das Seiende hat. Was hinzugefügt wird, ist etwas rein Gedankliches. Es ist konzeptuell. Sie können sich nicht vom Seienden unterscheiden, wenn nicht der Grund eingreift, um zu unterscheiden.

Im diesem Sinne ist es angebracht, den Unterschied zwischen realer Unterschied und Unterschied des Verstandes zu klären.

-Eine reale Unterschied wird so genannt, wenn sie unabhängig von unserem Wissen ist oder wenn sie auf Elemente der Realität angewandt wird, die tatsächlich nicht dasselbe Sein (Seiende) sind.

-Eine Unterschied des Verstandes oder logische Unterschied wird so genannt, wenn sie sich formal auf Elemente anwendet, die nur durch die Intervention des Intellekts verschieden sind, der sie unterscheidet. Sie kann

1-Virtuell *(rationis ratiocinatae)* sein, wenn die Unterschied einen Grund in der Realität hat. **2-Verbal** *(rationis ratiocinantis)*, wenn die Unterschied einem reinen Kunstgriff des Denkens entspricht.

Die Unterschied der Tranzendentalen in eins, wahr und gut ist eine virtuelle Unterschied des Verstandes.

I

nnerhalb der virtuellen Unterschied können zwei Typen unterschieden werden: **1-Vollkommene oder größere**: einer der Begriffe enthält die anderen in Potenz (z.B. die Gattungen in den Arten). **2-Unvollkommene oder kleinere**: einer der Begriffe enthält die anderen virtuell in Akt (Analoges und Analogate, z.B.). Dies ist der spezifische Fall der Tranzendentalen.

So werden die Tranzendentalen von dem Seienden (Sein) mit einem **unvollkommenen virtuellen Unterschied des Verstandes unterschieden.**

Das Seiende (Sein) und seine Eigenschaften werden durch eine Unterscheidung des Verstandes, konzeptionell oder logisch, unterschieden, die nicht wie die zwischen synonymen Begriffen ist - ohne Grundlage in der Realität oder rein mental - zum Beispiel zwischen "Ränke" und "Tricks". Ihre Unterscheidung des Verstandes hat eine Grundlage in der Realität, die im einen von ihnen explizit ist, was real ist, aber was im anderen nur implizit bezeichnet wird. Es ist eine Unterscheidung des Verstandes mit einer Grundlage in der Realität. Es ist eine unvollkommene Grundlage, weil das Explizite nicht etwas ist, das in Potenz im Unterschiedenen ist, noch mit irgendeiner Art von Zusammensetzung - die Grundlage wäre dann vollkommen - wie das zwischen "Mann" und "rationales Tier", aber es ist in Akt sowohl in der impliziten als auch in der expliziten Form.[145]

Die Tranzendentalen sind untereinander identisch. Sie sind in den Sätzen äquivalent oder konvertierbar. Sie können in einem Urteil gegeneinander ausgetauscht werden, als Subjekt oder Prädikat. Zum Beispiel kann ich sagen: "Das Seiende ist eins"; oder: "Das Eine ist

Seiende". Obwohl sie sich untereinander identifizieren, ist jeder ihrer Begriffe unterschiedlich: Jedes Tranzendental zeigt einen anderen Aspekt des Seins auf. Sie beziehen sich auf dieselbe Realität, aber sie manifestieren sie jeder von ihnen mit einem anderen Aspekt.

Wir haben bereits gesagt, dass es drei Tranzendentale gibt: eins, wahr und gut.

Die Bildung des klassischen Trios der drei Tranzendentalen, eins, wahr und gut, auf das sich das Sein (Seiende) bezieht, erfolgt tatsächlich erst in der christlichen Philosophie, wo es vorwiegend theologische Bedeutung haben wird. Eins, wahr und gut werden dann als Attribute des Ersten Seins betrachtet, die sich auf jede der drei Personen der Dreifaltigkeit beziehen und deren Spuren oder Zeichen in den Geschöpfen gesucht werden. Die Summen oder Kommentare zu den Sentenzen aus dem frühen 13. Jahrhundert sind Zeugnisse dieses ersten Zustands der Lehre der Tranzendentalen. Ihre philosophische Ausarbeitung und ihre endgültige Fixierung scheinen tatsächlich das Werk von Sankt Thomas zu sein. Der wesentliche Text zu dieser Frage ist De Veritate (q. 1, a. 1) (...).[146]

Wir haben bereits gesagt, dass die Tranzendentale begrifflich, nicht real, vom Seienden unterschieden sind. Sie fügen dem Seienden etwas hinzu:

Die Einheit: fügt eine Beziehung der Verneinung innerer Spaltung des Seienden hinzu (das Eine).

Die Wahrheit: fügt eine Beziehung zum Intellekt hinzu (das Wahre).

Das Gute: fügt eine Beziehung zum Willen hinzu (das Gute).

So wie es Grade des Seins in den Seienden gibt, gibt es auch Grade der Einheit, Wahrheit und Güte. Gott ist das Sein an sich und ist auch die Einheit, die Wahrheit und die Güte an sich.

16. DAS SEIENDE IST EINS

Metaphysische Spekulationen über die Einheit gehen auf Parmenides zurück. Für seine Schule ist das Sein und eins. Es gibt keine mögliche Veränderung im Sein. Die numerische Vielheit ist nur scheinbar.

Die Pythagoreer entwickelten die Lehre über die Rolle der Zahlen in der Gestaltung materieller Realitäten sowie die der numerischen Einheit.

Nach den Pythagoreern waren die grundlegenden Elemente aller Dinge Zahlen, und sie betrachteten die Himmel als Manifestationen von Harmonie und numerischen Prinzipien.

Sie waren von deren Eigenschaften fasziniert, besonders wenn sie miteinander kombiniert wurden. Sie suchten nach Analogien zwischen ihnen und den Dingen in der Welt, was zur Entwicklung einer Art numerischer Mystik führte, die großen Einfluss in der Antike hatte.

Zu den Formeln und Eigenschaften, die die Pythagoreer für bemerkenswert hielten, gehörte die Formel $1 + 3 + 5 + ... + (2n - 1) = n^2$, die zeigt, dass Quadrate als Summen aufeinanderfolgender ungerader Zahlen gebildet werden können. Außerdem wurden die Unterteilungen von Zahlen in Kategorien wie gerade, ungerade, perfekte (Zahlen, die gleich der Summe ihrer Teiler sind), lineare und flache als von großer Bedeutung aus philosophischer Sicht betrachtet.

Zahlen wurden auch als grundlegende Prinzipien angesehen. Laut Aristoteles gab es in der pythagoreischen Schule eine Fraktion, die die Existenz von 10 grundlegenden Prinzipien oder Dualitäten behauptete, von denen jedes den ersten 10 natürlichen Zahlen entsprach. Aristoteles zählt diese Entsprechungen auf, bei denen gegensätzliche Begriffepaare festgelegt werden, nämlich: 1: Begrenzt - Unbegrenzt, 2: Ungerade - Gerade, 3: Eins - Viele, 4: Rechts - Links, 5: Männlich - Weiblich, 6: Ruhe - Bewegung, 7: Gerade - Gebogen, 8: Licht - Dunkel, 9: Gut - Schlecht, 10: Quadrat - Rechteck (Langgestrecktes Rechteck).[147]

Folglich gaben diese entwickelten pythagoreischen Ideen Anlass zu dem, was als *metaphysische Arithmetik* bezeichnet werden kann, die von vielen Neopythagoreern (z. B. Nicomachus von Gerasa) und einigen Neuplatonikern gepflegt wurde.

Die Eleaten und die Pythagoreer beeinflussten Plato. Beide sahen in der Zahl die Essenz der Dinge. Damit konnten wir, beraubt ihrer Akzidenzien, ihre wesentlichen numerischen Eigenschaften entdecken.

(...) Nicht nur verwendete Plato die Konzepte der Einheit und Vielheit in einigen Teilen seiner Theorie der Ideen, sondern er scheint auch zu einer Theorie der Ideen als Ideen-Zahlen gekommen zu sein, zumindest wenn wir bestimmten Passagen von Aristoteles folgen (die einige Autoren jedoch als Bezugnahme auf die Mitglieder der platonischen Akademie betrachten). Diese Ideen-Zahlen sind nicht mehr die Zahlen als Ideen, sondern, wie W. D. Ross bemerkt hat, das Ergebnis der Zahlenzuweisung zu den Ideen, wodurch das Konzept der monadischen Idee, dyadischen Idee usw. entsteht.[148]

Aristoteles entwickelte seinerseits seine Lehre vom transzendentalen Einen. Er bemühte sich vor allem darum, die Unterscheidung zwischen den beiden Arten von Einheit besser zu sichern: der numerischen und der transzendentalen. Letztere reduzierte er auf das Sein, von dem sie nur eine Eigenschaft ist.

Daher beharren wir darauf: Ab Aristoteles wird das Eine als die Einheit des Seins oder des Seienden nicht verwechselt, wie es bei den Eleaten, Pythagoreern und Platonikern der Fall war, mit dem Eine als die Einheit der Zahl. Das erste wird transzendental genannt. Das zweite wird ein Akzidens der Substanz: die Quantität.

Transzendentale bedeutet, dass es alle Gattungen beherrscht und alle qualifiziert. Die so konzipierte Einheit qualifiziert alles, was ist, insofern es notwendigerweise ungeteilt ist. Ich sage ungeteilt nicht quantitativ, was die Einheit in ein Genus verwandeln würde; sondern frei von jeder Teilung, die auf das Sein in seiner Fülle angewendet wird.[149]

Sankt Thomas folgte ebenfalls dem aristotelischen Denken in dieser Angelegenheit. Er lehrt:

Einige Philosophen haben es versäumt, zwischen der Einheit, die mit dem Sein gleichgesetzt wird, und der Einheit, die das Prinzip der Zahl ist, zu unterscheiden, und meinten, dass in keinem Sinne die Einheit der Substanz etwas zum Sein hinzufügt und dass sie in jedem Sinne die Substanz einer Sache bezeichnet. Daraus folgte, dass die Zahl, die aus Einheiten zusammengesetzt ist, die Substanz aller Dinge ist: und dies war die Meinung von Pythagoras und Plato. Auf der anderen Seite hielten andere, die zwischen der Einheit, die mit dem Sein gleichgesetzt wird, und der Einheit, die das Prinzip der Zahl ist, nicht unterscheiden konnten, die entgegengesetzte Meinung, dass in jedem Sinne die Einheit der Substanz eine gewisse akzidentelle Existenz hinzufügt: und dass infolgedessen jede Zahl ein Akzidens ist, das zur Gattung der Quantität gehört. Dies war die Meinung von Avicenna: und anscheinend folgten ihm alle alten Lehrer: denn sie verstanden unter eins und vielen nichts anderes als etwas, was zur diskreten Quantität gehört. (...) Diese oben genannten Meinungen beruhten daher auf der Annahme, dass das Eine, das mit dem Sein gleichgesetzt wird, dasselbe ist wie das, das das Prinzip der Zahl ist, und dass es keine Vielheit gibt außer der Zahl, die eine Art von Quantität ist. Nun ist dies offensichtlich falsch.[150]

Das Eine und das Sein (Seiende) sind identisch und unterscheiden sich begrifflich. Das Konzept des Einen ist nicht mit dem Konzept des Seienden verwechselt, aber die Realitäten, die das Eine und das Seiende bezeichnen, sind identisch.

Der Engelhafte Doktor lehrt:

Das Eine fügt dem Seienden nichts hinzu, sondern nur die Verneinung der Teilung, denn Eins bedeutet nur ungeteiltes Seiende. Daher ist das Eine dasselbe wie das Seiende, da jedes Seiende entweder einfach oder zusammengesetzt ist. Wenn es einfach ist, ist es ungeteilt in Akt und Potenz. Wenn es zusammengesetzt ist, hat es Sein nur dann, wenn seine Bestandteile von getrennt zu vereint übergehen und das Zusammengesetzte bilden.[151]

Transzendentale Einheit bedeutet nichts anderes, für Aristoteles und Sankt Thomas, als die Unteilbarkeit oder die Negation der Teilung des Seienden. Einheit wird immer formell definiert durch das Fehlen von Teilung. Das Seiende ist niemals geteilt. Die Vielheit der Seienden kommt nicht von ihrer Teilung.

Es ist nicht durch die Teilung, dass die Vielheit entsteht, sondern durch formale Gegensätze, das heißt durch die eigentliche Unterscheidung der Wesen (...).[152]

Die reine Einheit wird vom ersten Sein verwirklicht, das als vollständiges Sein, ohne eine begrenzende Wesen, alles in sich enthält, was die anderen Seienden nach außen hin unter vielfältigen Formen darstellen. Es wird daher vollkommen eins sein oder besser gesagt: das Eine.[153]

Sankt Thomas lehrt:

(...) Seiende und Einheit sind dasselbe und eine einzige Natur[154]

Und fügt hinzu:

So ist das Eine und das Seiende, das dem Menschen oder irgendetwas anderem hinzugefügt wird, ohne Unterschied; daher sind sie dasselbe. Die kleinere Prämisse ist offensichtlich, denn es ist dasselbe, Mensch zu sagen wie ein Mensch zu sagen. Und ähnlich gesagt, ist es dasselbe, Seiende-Mensch zu sagen wie es ist, Mensch zu sagen. (...) die Entstehung ist der Weg zum Sein, und die Verderbnis ist eine Veränderung vom Sein zum Nichtsein. Daher wird niemals ein Mensch erzeugt, ohne dass das menschliche Seiende erzeugt wird, und kein Mensch wird korrupt, ohne dass das menschliche Seiende korrupt wird. Denn was gleichzeitig erzeugt und korrupt wird, ist eins.[155]

Wie das Sein und das Seiende ist das Eine eine analoge Vorstellung. Daher gibt es so viele Arten von transzendentaler Einheit wie es Arten des Seins gibt.

Seiende und Eins sind miteinander austauschbar. Es ist also dasselbe zu sagen: Das Seiende ist eins; oder: Das Eine ist Seiende. Nun gut, wir sprechen von der metaphysischen transzendentalen Einheit. Diese gibt Grund für die Ungeteiltheit des Seienden. Dieses Eine fügt dem Seienden nichts hinzu. Das Eine als Prinzip der Zahl, als Einheit, ist nicht austauschbar mit dem Seienden. Und es fügt dem Seienden die Maßverhältnisse hinzu.

***Das Eine, das mit dem Seienden zusammenfällt**, bezeichnet das Seiende selbst und fügt das Maß der Unteilbarkeit hinzu, das, da es Verneinung und Entzug ist, dem Seienden keine Natur hinzufügt und somit in der Sache selbst nicht vom Seienden unterschieden wird, sondern nur hinsichtlich der Vernunft, denn Verneinung und Entzug sind kein Seiendes der Natur, sondern der Vernunft, wie bereits gesagt wurde. **Das Eine, das Prinzip der Zahl, fügt der Substanz** das Maßverhältnis hinzu, das die Leidenschaft der Menge ist und das zuerst in der Einheit gegeben ist. Es wird gesagt, dass es Verneinung und Entzug der Teilung in Bezug auf die kontinuierliche Menge ist, denn die Zahl entsteht durch die Teilung des Kontinuums; daher gehört die Zahl zur mathematischen Wissenschaft, deren Gegenstand nicht außerhalb der Materie existieren kann, auch wenn er außerhalb der sinnlichen Materie betrachtet wird. Dies wäre nicht möglich, wenn das Eine, das Prinzip der Zahl, von der Materie getrennt existieren würde, als existiere es in immateriellen Dingen und als ob es mit dem Seienden zusammenfiele.*[156]

Aristoteles sagt, dass das erste, was die Intelligenz erfasst, das Seiende ist, dann die Teilung; danach das Eine, das von der Teilung befreit; und schließlich die Vielheit, die aus Einheiten besteht.

Und mit dem Sein gehören das Identische, das Ähnliche und das Gleiche, und mit der Vielheit das Andere, das Verschiedene und das Ungleiche.[157]

Und der heilige Thomas klärt:

Das Identische ist das Eine in der Substanz. Das Ähnliche ist das Eine in der Qualität. Das Gleiche ist das Eine in der Menge.[158]

Aristoteles sagt, dass die Opposition zwischen zwei Seienden auftritt, wenn eines das andere ausschließt. Je nach Art der Ausschließung unterscheidet er **vier Arten von Gegensätzen**:

1.Widersprüchlich. Die Opposition ist unveränderlich, und es gibt keinen Mittelweg zwischen den Gegensätzen. Zum Beispiel: Seiende-Nichtseiende.

2.Gegensätzlich. Die Opposition findet zwischen Seienden desselben Geschlechts statt. Mittelwerte sind erlaubt. Zum Beispiel: weiß-schwarz. Dazwischen gibt es eine Vielzahl von verschiedenen Farben.

3.Privativ. Die Opposition tritt zwischen Seienden auf, die die Perfektion oder den Mangel an Perfektion ausdrücken. Zum Beispiel: Gesundheit-Krankheit. Auch hier sind Mittelwerte erlaubt.

4.Relativ. Die Opposition besteht zwischen den Beziehungen der Seienden und unter ihnen, wobei eine geordnete Beziehung zwischen ihnen berücksichtigt wird. Mittelwerte sind nicht erlaubt. Zum Beispiel: Vaterschaft-Sohnschaft.

Die Opposition zwischen transzendentaler Einheit und Vielheit ist eine gegensätzliche Opposition.

Die Einheit drückt nicht die Verneinung der Vielheit aus, sondern die Verneinung der internen Teilung des Seienden. Die Einheit leugnet nicht die äußere Teilung und folglich die Vielfalt der Seienden.

Die Vielheit drückt nicht die Verneinung der Ungeteiltheit des Seienden aus, sondern sie bestätigt die Anerkennung des Einen: Das Vielfache setzt das ungeteilte Eine voraus. Die Vielheit der Seienden basiert auf der ungeteilten Einheit jedes Seienden.

Die Vielheit bejaht die äußere Teilung. Die Einheit bestätigt sie, denn es gibt keine äußere Vielheit ohne innere Einheit der Seienden.

17.DAS SEIENDE IST WAHR

Dieses Trascendentale impliziert die Beziehung des Seienden zu etwas anderem als ihm selbst, zur Intelligenz oder zum Verstand. Diese Beziehung ist konzeptuell, da sie dem Seienden keine reale Dimension hinzufügt.

In seinen Reflexionen über die Wahrheit wurde Sankt Thomas von zwei großen philosophischen Traditionen beeinflusst: der aristotelischen und der agustinischen.

Aristoteles untersuchte die Wahrheit aus subjektiver Sicht. Die Wahrheit ist das Objekt, auf das jegliches Wissen abzielt. Es ist das Ziel oder die Vollkommenheit, die der Intelligenz anstrebt. Man weiß, um die Wahrheit zu besitzen (logische Wahrheit).

Der Heilige Augustinus untersuchte die Wahrheit aus objektiver Sicht. Die Wahrheit ist das Objekt, das den Geist beherrscht und sich ihm aufzwingt. Die Wahrheit ist die ewige und unveränderliche göttliche Wahrheit. Alle geschaffenen Geister nehmen an ihr teil (ontologische Wahrheit).

Sankt Thomas wird versuchen, beide Lehren in Einklang zu bringen. Für ihn wird die Wahrheit sowohl die Vollkommenheit des Wissens sein (logische Wahrheit) als auch die objektive Eigenschaft des Seienden (ontologische Wahrheit). **Wir werden sehen, dass die Wahrheit in jedem Fall auf dem Seienden gründet**.

Die Wahrheit beinhaltet eine Ordnung des Seins zum Verstand; diese Ordnung kann jedoch entweder hauptsächlich im Verstand selbst bestehen oder das Sein direkt qualifizieren.[159]

Die logische Wahrheit kann definiert werden als die Übereinstimmung des Verstandes mit dem Seienden *(adaequatio intellectus ad rem)*. Dies ist die Wahrheit im Verstand. Es ist die intellektuelle Wahrheit. Der Verstand ist wahr, wenn er sich dem anschließt, was ist. Eine Erkenntnis ist wahr, wenn sie in einer Übereinstimmung mit ihrem Objekt steht.

Im Hinblick auf die logische Wahrheit können zwei Fälle auftreten:

1.Der Verstand ist dem Seienden entsprechend, aber er weiß es nicht. Dies tritt bei der einfachen Intellektion und bei der sinnlichen Erkenntnis auf.

2.Der Verstand erfasst sich selbst als entsprechend seinem Objekt. Dies geschieht im Urteil.

Die ontologische Wahrheit kann als Übereinstimmung des Seienden mit dem Verstand definiert werden *(adaequatio rei ad intellectum)*. Dies ist die Wahrheit in den Seienden. **Dies ist die Wahrheit als tranzendentale Eigenschaft des Seins (Seiende)**. Das Sein (Seiende) ist wahr, soweit es sich dem Verstand anpasst. Das Sein, das Fundament des Seienden, ist die Ursache für die Wahrheit des Verständnisses.

Wahr ist das Seiende, insofern es angemessen verstanden wird; und die Wahrheit ist diese Anpassung des Seienden an das Verstehen.[160]

Die Wahrheit, die im Verstand als solchem liegt, gründet sich auf eine andere Wahrheit, die Wahrheit im Seienden, die dadurch vorhergehend und grundlegend wird.[161]

Mit anderen Worten: Die Wahrheit liegt formal im Verstand, der das Subjekt der Wahrheit ist; aber als ihre Ursache liegt die Wahrheit in den Dingen.[162]

Im Hinblick auf die ontologische Wahrheit können zwei Fälle auftreten:

1.Es handelt sich um einen Verstand, von dem das betrachtete Ding abhängt, wie das Werk des Künstlers. Hier unterliegen die Dinge dem ersten schöpferischen Verstand. Die Wahrheit ist die Übereinstimmung der Dinge mit dem göttlichen Verstand, von dem sie abhängen.

2.Es handelt sich um einen Verstand, der sich dem Ding, das er kennt, als seinem Objekt unterwirft. Hier besteht nur eine zufällige Beziehung der Dinge zum geschaffenen Verstand. Die Wahrheit ist die Eignung der Dinge, das Objekt eines spekulativen Intellekts wie des menschlichen Intellekts zu sein.

Wenn die Wahrheit, die in der Realität liegt, eine Wirkung des Seins ist, dann ist der Verstand, der die intellektuelle Wahrheit besitzt, eine Wirkung der tranzendentalen Wahrheit.[163]

Die Wahrheit, die in der Realität liegt, gründet die Wahrheit, die im Verstand liegt. Durch die Anwendung der Wahrheit im Seienden auf den Verstand wird gezeigt, was wahr ist oder mit der Realität übereinstimmt und was so die Wahrheit, die im Verstand liegt, besitzt.[164]

Die Wahrheit ist kein Absolutes; es ist ein Verhältnis: das Verhältnis des Seins zum Verstand. Wenn es also keinen Verstand gibt, gibt es auch keine Wahrheit; wenn es kein Sein gibt, wird es auch keine Wahrheit geben; und die Vorstellung, dass die Wahrheit sich selbst vorausgeht, als zukünftig, oder sich selbst überdauert, als vergangen, ist nichts weiter als eine grobe Vorstellung, wenn nicht einerseits ein Subjekt vorausgesetzt wird, das die Wahrheit erfassen kann, und andererseits ein Objekt, das sie begründet.[165]

Das aufmerksame Lesen der folgenden Texte des Aquinaten wird die Konzepte klären.

In dem Abschnitt von der *Summa Theologica* I q.16 a.1 reflektiert Sankt Thomas über die ontologische Wahrheit. Aus diesem reichen Text können wir die folgenden Konzepte entnehmen:

1-Dasjenige, wonach der Verstand strebt, wird als wahr bezeichnet. Das heißt: Das Ziel des Verstandes ist die Wahrheit.

2-Die Erkenntnis ist so, wie das Erkannte im Erkennenden ist.

3-Alles wird absolut als wahr bezeichnet, entsprechend der Beziehung, die es zum Verstand hat, von dem es abhängt.

3-Es wird als wahr bezeichnet, was erkannt wird, insofern es eine Beziehung zum Verstand hat.

4-Das Ziel der Erkenntnis, das die Wahrheit ist, liegt im gleichen Verstand.

5-Die Wahrheit liegt im Verstand, insofern es eine Übereinstimmung zwischen diesem und dem Erkannten gibt.

6-Die Beziehung, die das Erkannte zum Verstand hat, kann akzidentell oder wesentlich sein. Sie ist wesentlich, wenn ihr eigenes Sein vom Verstand abhängt; und akzidentell, soweit sie vom Verstand erkennbar ist. Zum Beispiel: Ein Haus hat eine wesentliche Beziehung zum Verstand seines Bauherrn; und eine akzidentelle Beziehung zu jedem anderen Verstand, von dem es nicht abhängt. Nun, das Urteil über eine Sache basiert auf dem, was in ihr wesentlich ist, nicht auf dem, was in ihr akzidentell ist.

7-Ebenso sagt man, dass Dinge wahr sind, weil sie dem Bild der Arten ähnlich sind, die im göttlichen Geist existieren. Zum Beispiel: Man sagt, dass ein Stein ein wahrer Stein ist, wenn er die eigene Natur des Steins besitzt, gemäß der vorherigen Vorstellung, die im göttlichen Verstand existiert.

8-Daher liegt die Wahrheit hauptsächlich im Verstand; sekundär liegt sie in den Dingen, soweit sie sich mit dem Verstand als Prinzip verbinden.

9-Die Wahrheit ist die Übereinstimmung zwischen Objekt und Verstand.

Im Abschnitt der *Summa Theologica* I q.16 a.2 reflektiert Santo Tomás über die logische Wahrheit. Aus diesem reichen Text können wir die folgenden Konzepte entnehmen:

1-Wir haben bereits gesehen, dass die ontologische Wahrheit, in Bezug auf ihren ersten Grund, im Verstand liegt. Da jede Sache wahr ist, soweit sie die eigene Form ihrer Natur hat, muss der Verstand, soweit er erkennt, wahr sein, soweit er das Bild des Erkannten hat, das die Form des Verstandes ist, soweit er erkennt. Und daher wird die Wahrheit als die Übereinstimmung zwischen Verstand und Objekt definiert. Daher besteht das Erkennen einer solchen Übereinstimmung darin, die Wahrheit zu erkennen.

2-Nun, die Sinne erkennen nicht auf diese Weise. Obwohl das Sehen das Bild des Sichtbaren hat, erkennt es jedoch nicht die bestehende Übereinstimmung zwischen dem Gesehenen und dem, was es davon erfasst. Dennoch kann der Verstand diese Übereinstimmung erkennen. Dies geschieht durch Zusammensetzen und Teilen.

3-Daher kann die Wahrheit im Sinne sein oder im Verstand, der von etwas weiß, was es ist, oder in einer wahren Sache. Aber nicht als das Erkannte in dem, der es erkennt, was den Namen "wahr" mit sich bringt; denn die Vollkommenheit des Verstandes ist die Wahrheit als Erkanntes.

4-Daher liegt die Wahrheit, genau genommen, im Verstand, der zusammensetzt und teilt; nicht im Sinne oder im Verstand, der von etwas weiß, was es ist.

Letztendlich findet man die Wahrheit:
-formell und hauptsächlich im Urteil des Verstandes;
-im Sinne und in der einfachen Intellektion mit demselben Charakter wie in irgendeiner wahren Sache;
-in den Dingen wesentlich, soweit sie der Idee entsprechen, nach der Gott sie erschaffen hat;

-in den Dingen akzidentell, in Bezug auf den spekulativen Verstand, der sie erkennen kann.[166]

18. DAS SEIENDE IST GUT

Aristoteles hat in seinem Werk mit dem Titel *Nikomachische Ethik* gesagt, dass *das Gute das ist, was alle Dinge begehren*, oder dass *das Gute das ist, wonach alle Dinge streben*.

Das Gute wird durch eine Beziehung des Seins (Seiende) zum Appetit definiert. Es findet sich in der Sache in Akt und begründet die Eigenschaft der Begehrenswürdigkeit. Gut ist das Seiende in Bezug auf den Willen. Das Gute ist in den Seienden.

Sankt Thomas lehrt:

Das Gute und das Seiende sind tatsächlich dasselbe. Sie unterscheiden sich nur mit einem Unterschied der Vernunft. Dies kann folgendermaßen gezeigt werden: Der Grund des Guten besteht darin, dass etwas begehrenswert ist. Der Philosoph sagt in der Ethik I, dass das Gute das ist, was alle begehren. Es ist offensichtlich, dass das Begehrenswerte insofern begehrenswert ist, als es vollkommen ist, da alle ihre Vollkommenheit begehren. Da etwas perfekt ist, insofern es in der Aktualität ist, ist es offensichtlich, dass etwas gut ist, insofern es Seiende ist; denn Sein ist die Aktualität jeder Sache, wie bereits zuvor gesagt wurde (q.3ª.4; q.4 a.1 ad.3). So wird offensichtlich, dass das Gute und das Seiende tatsächlich dasselbe sind; aber vom Guten kann gesagt werden, dass es begehrenswert ist, was vom Seienden nicht gesagt wird.[167]

Es ist ein analoger Begriff mit vielen Bedeutungen.

Es gibt eine Unterscheidung (der Vernunft) zwischen den Begriffen des Seins und des Guten. Etwas ist Sein im eigentlichen Sinne, durch den ersten Akt, durch den es das substanzvolle Sein erlangt; aber nur dasjenige, das durch den zweiten Akt seine letzte Vollkommenheit erreicht hat, ist wirklich gut.[168]

Was eine Sache wünschenswert macht, ist ihre Vollkommenheit. Die erste Vollkommenheit einer jeden Sache liegt in ihrer Aktualität. Das mögliche Sein oder das Sein in Potenz ist als solches keine Vollkommenheit für irgendetwas.

Das tranzendentale Sein vor jeglicher Aufteilung in Kategorien oder sonstiges ist (...) die eigentliche Substanz des Guten.[169]

Das Gute ist das, was alle Dinge begehren; nun wird eine Sache begehrt, insofern sie vollkommen ist; und sie ist vollkommen, insofern sie in Aktualität ist; und sie ist in Aktualität, soweit sie Sein ist; daher ist offensichtlich, dass Gutes und Sein wirklich identisch sind, aber das Gute beinhaltet die Eigenschaft der Begehrenswürdigkeit, die das Sein nicht ausdrückt.[170]

Das Gute ist das Sein (Seiende) im Sinne von Begehrenswertem. Folglich ist es streng wahr zu sagen: Jedes Sein (Seiende) ist gut, vorausgesetzt wir fügen sofort hinzu: genau insofern, als es Sein (Seiende) ist. Jedes Sein (Seiende) ist genau in dem Maße gut, wie es Sein (Seiende) ist.

Die Güte des Menschen ist, Mensch zu sein, und die des Baumes, Baum zu sein: Es gibt also keine gemeinsame Güte. (...) Man darf also nicht annehmen, dass es ein Gut an sich außerhalb der Naturen gibt.[171]

Der Grund des Guten ist das Sein. Nur Gott ist das von sich aus bestehende Sein. Gott ist das erste Gute. Er ist das exemplarische Gute und die effektive Ursache alles Guten. Alle Dinge sind gut durch die Güte Gottes. Und sie sind gut durch Teilhabe.

Das Gute impliziert die Vorstellung von Zweck.

Da es das ist, wonach alle Dinge streben, ist es gleichzeitig das **Objekt der Befriedigung** für denjenigen, der es besitzt, und das **Objekt der**

Suche für denjenigen, der darauf wartet. Wenn der Sache eine Kausalität zugeschrieben wird, dann wird dies die finale Ursache sein.

Es ist offensichtlich, dass dasjenige, was jede Sache als finale Ursache begehren kann, für sie nur ein Gut sein kann; und dass umgekehrt jedes Gut als finale Ursache gelten kann. (...) Die Ordnung des Guten und die Ordnung des Zwecks fallen perfekt zusammen.[172]

Die Güte handelt nicht, weil sie gut ist. Es ist das gute Seiende, das handelt. Seine Güte setzt seine Handlung voraus. Es handelt, weil es Seiende ist und weil es Seiende ist, ist es gut.

Als Agent ist es ein Prinzip, als Gut ist es Vollkommenheit und Maß. Als Agent vermittelt es seine Form; als Gut kann es als Ziel dienen und in diesem Sinne Ursache sein, nicht nur nach seiner Form, sondern nach allem, was es ist.[173]

Das Agent ist das Erste in der Ordnung der Kausalität. Um sein Ziel zu erreichen, setzt sich das Agent in Bewegung; und wegen dieses Ziels bearbeitet das Agent die Materie und führt in sie die Form ein. Aber das Gute ist das Letzte in der Ordnung des Effekts, da die Ordnung der Entstehung umgekehrt ist.

Das Gute, soweit es verwirklicht ist, setzt die Wesen voraus, die das Sein bestimmen, auf dem das Gute beruht, und übersteigt auch die effiziente Kraft, die dem Sein folgt und aus der Wesen hervorgeht wie das Zeichen und die natürliche Ausgießung der Perfektion, die sie besitzt.[174]

Um die Idee des Guten zu präzisieren, greift Sankt Thomas auf die augustinische Tradition zurück, nach der das Gute aus drei Dingen bestand: *modus, species* und *ordo*.

Modus, species und ordo sind die konstitutiven Modi jeder Vollkommenheit oder des Guten im endlichen Seienden. Sankt Augustinus verbindet sie mit den Worten der Schrift: "Du hast alles in Maß, Zahl und Gewicht angeordnet".[175]

Etwas gilt als gut, soweit es perfekt ist.

Es ist perfekt, wenn ihm nichts fehlt, was es haben sollte.

Um perfekt und gut zu sein, muss es die angemessene Form aufweisen, die sein Wesen bestimmt. Die Form setzt Bedingungen voraus und hat Auswirkungen.

Deshalb muss eine Sache, um als gut bezeichnet zu werden, gleichzeitig folgendes vereinen:

-die passende Form **(Spezies)**
-ihre angemessenen Bedingungen **(Modus)**
-ihre natürlichen Folgen **(Ordung)**

Die Weise ist der angemessene **Modus**, in dem die Vollkommenheit in einem bestimmten Seienden gegeben ist. Es sind die individuellen Merkmale des Seienden, die es von anderen Seienden derselben Gattung und Art unterscheiden.

Die Spezies als konstitutive Dimension des Guten ist die eigentliche Form des Seienden.

Die Ordnung ist die Neigung oder Tendenz des Seienden zu seinem Ziel, zu anderen Seienden, zu den Handlungen, die es ausführen kann, und zur Mitteilung seiner Vollkommenheiten.

Das Gute spielt also diese dreifache Rolle:

- Es misst die Ursprünge (*Modus*: oder das, was die Form voraussetzt).

> - Es charakterisiert die Spezies (*Species*: oder intrinsisches Prinzip der Vollkommenheit des Seienden).
>
> - Es bescheinigt die Neigungen (*Ordo*: ein relatives Element, das auf der *Modus* und der *Species* beruht).

Das Gute verschmilzt wirklich mit dem Sein. Und es teilt sich wirklich mit ihm. Diese Teilung beeinträchtigt seine Transzendenz nicht.

Das Gute teilt sich auf in **das Edle, das Nützliche und das Angenehme**.

Ein Seiendes ist gut, soweit es begehrenswert ist. Das bedeutet, dass es ein Ziel für die Bewegung des Begehrens ist. Wenn das Ziel dieser Bewegung als Mittel und Vermittler dient, haben wir es mit dem nützlichen Gut zu tun. Das letzte Ziel, auf das das Seiende durch diesen Vermittler zielt und das es an sich gut findet, ist das Edle. Und das, was die Bewegung des Begehrens als Ruhe in dem Begehrenswerten zum Stillstand bringt, ist das Angenehme.[176]

Das angenehme Gut wird nicht ohne die Freude gesucht, die es hervorruft.

Das Nützliche ist das, was, angenehm oder nicht, dazu dienen kann, etwas zu beschaffen, was als Gut betrachtet wird.

Das Edle ist das Gut selbst, das als an sich erstrebenswert gilt.

Das Edle steht von Natur aus an erster Stelle, da es die Idee des Guten verkörpert, basierend auf seinen eigenen Attributen.

Das Angenehme folgt ihm nach: Es ist das letzte Ziel, obwohl es erst an zweiter Stelle gewollt wird und von dem abhängt, der es beschafft.

Das Nützliche nimmt den letzten Platz ein, da es nicht die Vorstellung des Ziels und damit des Guten verkörpert, sondern in Bezug auf etwas anderes.

Das gute Edle wird als dasjenige angestrebt, das als letztes -in seiner Ordnung- begehrt wird und von sich aus die Bewegung des Begehrens zur Ruhe bringt. Das gute Angenehme wird wegen der Freude, die es hervorruft, gewünscht. Das gute Nützliche wird als Mittel zur Erreichung eines anderen Gutes gewünscht. Im eigentlichen Sinne ist das Gute das gute Edle.[177]

Abschließend können wir sagen, dass **das Böse**, das das Gegenteil des transzendentalen Guten ist, in der Entbehrung eines Gutes besteht, das einem Seienden zukommt. Es handelt sich richtig gesagt um einen Mangel oder eine Unvollkommenheit des Seins. Die Begriffe Entbehrung, Mangel und Unvollkommenheit werden verwendet, um anzugeben, dass es sich nicht einfach um das Fehlen jeder Vollkommenheit handelt, sondern um das Fehlen eines Gutes, das für die Integrität eines spezifischen Seienden notwendig ist. So ist Blindheit nur bei Wesen mit Sehfähigkeit ein Übel (Entbehrung), nicht aber bei einem Stein, dem die Fähigkeit zu sehen nicht zukommt (Verneinung).

Das Böse, als Entbehrung, das heißt als Nichtsein in einem Seienden, das an sich gut ist, kann nur im Gut als Subjekt existieren.

ZUM ABSCHLUSS

1.Wie viele Konzeptionen des Seins können wir in der Geschichte der Philosophie unterscheiden?

Gemäß Gallus Manser in seinem Werk "Die Essenz des Tomismus" können wir drei Konzeptionen des Seins in der Geschichte der Philosophie unterscheiden:

1.Reines Werden ohne Sein oder Heraklitismus.
2.Sein ohne Werden oder Eleatismus.
3.Sein und Werden oder Realismus.

2.Wer war Heraklit?

Heraklit (ca. 544-484 v. Chr.) war der bedeutendste Vertreter der ersten Konzeption: reines Werden ohne Sein. Er war ein Adliger aus der Stadt Ephesus. Ein Mann von Genie, Freund der Einsamkeit und Feind der Menge, mit einem melancholischen Temperament, schien er seine Gedanken nur für Wenige ausdrücken zu wollen.

3.Welche Werke schrieb Heraklit?

Diogenes Laertius schreibt Heraklit ein Werk mit dem Titel "Über die Natur" zu, das in drei Teile unterteilt war: "Über das Universum", "Über die Politik" und "Über die Theologie". Was von seinen Werken erhalten geblieben ist, sind Fragmente, deren Quellen in Zitaten, Verweisen und Kommentaren verschiedener Autoren liegen: Sextus Empiricus, San Clemente, Diogenes Laertius, Hippolyt, Jamblichus, Plotin, Plutarch, Porphyrios, Stobaeus, Theophrastus und die bekanntesten, wenn auch in diesem Fall nicht zuverlässigsten, Plato und Aristoteles. Sein Stil war lapidarisch.

4.Warum nannte man ihn "den Dunklen"?

Man nannte ihn "den Dunklen" aufgrund der Schwierigkeit seiner Lehre. Apropos wiederholte er oft: Die Natur liebt es, sich zu verbergen.

5.Was war seine Lehre vom Sein?

Heraklit glaubte, dass die Realität ein ständiges Werden sei. Das Sein ist nicht statisch. Der Seienden sind nicht, sondern werden. Was jetzt ist, ist später nicht. Das Sein befindet sich in ständiger Veränderung: Alles ändert sich, und nichts bleibt bestehen. Alles fließt. Wir können nicht zweimal in denselben Fluss steigen. Die Sonne ist jeden Tag neu. Das Etablierte, das Beständige, ist eine Illusion. Jetzt gut: Der Wandel ist nicht anarchisch. Es folgt einer Ordnung. Heraklit glaubt, dass es ein universales Gesetz gibt, das alle Seiende zu einer Einheit verbindet und die ständige Veränderung des Universums bestimmt. Dies ist das *Logos*, das Eine. Etwas ist und ist gleichzeitig nicht, da das Sein darin besteht, zu werden, zu entstehen, zu fließen und sich zu ändern.

6.Was ist sein origineller Beitrag zur Philosophie?

Der originelle Beitrag von Heraklit zur Philosophie ist die Vorstellung von Einheit in der Vielfalt, von Unterschied in der Einheit. Das Sein ist eins in der Spannung der Gegensätze. Die Realität ist also im Wesentlichen eins, aber gleichzeitig auch vielfältig. Dies veranschaulicht er mit dem Bild des brennenden Feuers.

7.Wer war Parmenides?

Parmenides (ca. 540-470 v. Chr.) wurde in Elea geboren, einer griechischen Kolonie im Süden Italiens. Daher wird sein Denken als Eleatismus oder eleatische Schule bekannt. Er war der klarste Vertreter der zweiten Konzeption des Seins: Sein ohne Werden.

8.Welche Werke schrieb er?

Parmenides schrieb in Versen. Uns sind nur Fragmente seiner Werke erhalten geblieben. Die meisten wurden von Simplikios in seinem *Kommentar* aufbewahrt. Eine seiner Werke hieß "Über die Natur".

9.Was ist seine Lehre vom Sein?

Die Lehre von Parmenides steht im Gegensatz zur heraklitischen Lehre. Für Parmenides das Sein ist, und das Nicht-Sein ist nicht. Er stellt das Sein in den Mittelpunkt und lehnt das Werden ab. Alles, was ist, ist. Anders als für Heraklit, für den alles sich verändert, ist für Parmenides alles in Ruhe.

Das Werden und die Vielfalt sind eine Täuschung unserer Sinne. Wenn etwas zum Sein kommt, muss es aus dem Sein oder dem Nicht-Sein stammen. Es ist nicht möglich, dass es aus dem Sein stammt, denn was aus dem Sein stammt, ist bereits. Und es ist auch nicht möglich, dass es aus dem Nicht-Sein stammt, denn aus dem Nichts kann kein Sein entstehen. Folglich kommt das Sein weder aus dem Sein noch aus dem Nicht-Sein, sondern es ist einfach. Es hat niemals begonnen zu sein.

10.Welche Unterscheidung führt er in die Philosophie ein?

Man kann sagen, dass er in die Philosophie die Unterscheidung zwischen Vernunft und Wahrnehmung, zwischen Wahrheit und Erscheinung einführt. Er ist der erste Philosoph, der mit strenger rationaler Strenge vorgeht. Er glaubt, dass das Sein nur durch das Denken und nicht durch die Sinne erreicht werden kann. Denn *Denken und Sein sind dasselbe.*

11.Wie viele "philosophische Wege" beschreibt er?

Parmenides beschreibt zwei "philosophische Wege": a)<u>Den Weg der Wahrheit</u>, basierend auf dem Denken. b)<u>Den Weg des Glaubens</u> oder der bloßen Meinung, nach dem die sinnlichen Dinge Täuschungen und Erscheinungen sind. Das Wahre ist nicht in ihnen. Es wird angenommen, dass dieser letzte Weg die Pythagoräer identifizierte, die Veränderung und Bewegung zuließen. Damit wird die Unterscheidung zwischen beiden Wegen letztendlich nur zur Unterscheidung zwischen seiner eigenen Position und der der Pythagoräer. Parmenides unterscheidet erstmals in der Philosophie die sinnliche Welt vom intelligiblen.

12.Welche philosophischen Prinzipien nennt er?

Er nennt die Prinzipien des Widerspruchs, der Identität und des ausgeschlossenen Dritten.

13.Was für eine Art Begriff ist das Sein?

Das Sein ist ein univoker Begriff. Weder äquivok (mehrdeutig) noch analog (analog).

14. Welche Eigenschaften hat das Sein für Parmenides?

Für Parmenides ist das Sein: a)Notwendig: Ohne das Sein wäre nichts. b)Einzigartig: Denn wenn es mehrere wären, müsste es eine Unterscheidung zwischen ihnen geben. Aber das, was sich vom Sein unterscheidet, ist das Nichts. Da das Nichts jedoch nichts ist, kann es keine Unterscheidung geben. c)Unveränderlich: Es ist nicht dem Wandel unterworfen. d)Unbeweglich: Bewegung ist eine Form der Veränderung. Das Sein kann sich nicht bewegen. e)Ungeboren: Die Annahme eines Ursprungs des Seins würde bedeuten, dass es entweder von dem ist, was es ist, was unmöglich ist, da es bereits ist, oder von etwas anderem als dem Sein, was ebenfalls unmöglich ist, da das Einzige, was anders ist, das Nichts ist und aus dem nichts nichts entsteht. f)Unvergänglich: Es hat kein Ende. Wenn es zerstört würde, würde es aufhören zu sein. g)Zeitlos: Es ist reines Jetzt. h)Unteilbar: Es gibt keine Unterschiede im Sein. Es gibt keine verschiedenen Teile. Denn das, was sich unterscheidet, ist das Nichts. Das Sein ist alles und einfach nur Sein, auf vollkommene, kontinuierliche und unterbrechungsfreie Weise, ohne etwas, das weniger und etwas, das mehr wäre.

15. Wer war Plato?

Plato wurde 429 oder 427 v. Chr. in Athen geboren. Sein ursprünglicher Name war Aristokles. Er erhielt später den Spitznamen "Plato" wegen seiner kräftigen Schultern. Er entstammte einer vornehmen Familie in Athen. Zunächst neigte er zur Dichtung und später zur Philosophie. Mit 18 Jahren schloss er sich dem Kreis um Sokrates an. Er gründete die Akademie, die als erste europäische Universität betrachtet werden kann. Er starb in seiner Heimatstadt im Jahr 348 oder 347 v. Chr.

16. Ist Erkenntnis möglich?

Für Plato ist wahre Erkenntnis möglich. Sie muss zwei Anforderungen erfüllen: a)Sie muss unfehlbar sein. b)Sie muss sich auf das Seiende beziehen. Um das Wissen des Seins zu erlangen (was ist), unterscheidet er zwei Arten von Erkenntnis: die sinnliche und die intelligible. Die sinnliche oder Meinung wird durch die Sinne erreicht. Die intelligible oder *episteme* durch die Vernunft. Die sinnliche Erkenntnis ist schwankend, verwirrend und widersprüchlich. Die intelligible Erkenntnis hingegen ist beständig, streng und dauerhaft. Plato glaubt, dass eine objektive und allgemein gültige Erkenntnis der Realität durch das Denken erreicht werden kann.

17. Was ist die Welt der Ideen?

Die Welt der Ideen *(kosmos noetos)* ist die intelligible Welt. Die sinnliche Welt ist eine Kopie oder Nachahmung von ihr. Im *kosmos noetos* befinden sich die Formen oder Essenz von allem, was existiert, die Plato Ideen nennt. Diese repräsentieren die Realität, das Sein. Sie sind die Ursache der sinnlichen Dinge und repräsentieren auch ihr Ziel, das Ziel von allem, was ist. Die Welt der Ideen wird von der Idee des Guten geleitet.

18. Was ist seine Erkenntnistheorie?

Plato erklärt, dass der Mensch vor seiner Geburt in der Welt der Ideen verweilte. Hier kannte er alle Ideen an sich selbst, in all ihrer Pracht und Reinheit. Bevor er in diese sinnliche Welt kam, musste er den Fluss Lethe (Fluss des Vergessens) überqueren, und dieses Wissen vom Sein, von den Ideen, vergaß er. Dennoch blieb es in seiner Seele latent. Daher ist für Plato Lernen ein Erinnern.

19. Was ist das Sein für Plato?

Es ist die Idee, die in der *kosmos noetos* wohnt. Das vollständige Sein befindet sich in der Welt der Ideen. Die sinnliche Welt ist eine Mischung aus Sein und Nicht-Sein; unterliegt dem Werden, das, was sie von wirklichem Sein hat, kopiert sie von den Ideen.

20. Was ist die Teilhabe?

Es ist die Beziehung zwischen den Ideen und den sinnlichen Dingen und die Beziehung zwischen den Ideen untereinander. Durch die erste ist das Ding so weit, wie es an seiner Idee oder Form teilhat. Durch die zweite teilnehmen die Dinge einer niedrigeren und untergeordneten Realität den Dingen einer höheren Realität. Zum Beispiel besitzen Schatten eine niedrigere und untergeordnete Realität im Vergleich zu den Körpern, die sie erzeugen.

21. Was ist die Dialektik?

Die Dialektik ist die Methode, um von der sinnlichen Welt zur Welt der Ideen zu gelangen. Sie ermöglicht es uns, das Sein der Seienden zu erkennen und die bloßen Erscheinungen zu verlassen. Diese Aufgabe ist philosophischer Natur und erfordert die Kunst, sie richtig zu entwickeln.

22. Wie illustrierte Plato seine epistemologische Doktrin?

Er tat dies im Buch VII der *Republik* mit dem "Höhlengleichnis". Die Höhle ist unsere sinnliche Welt der Erscheinungen und Phänomene. Um die Wahrheit der Seienden (das Sein) zu erkennen, muss man aus der Höhle herauskommen. Dies gelingt durch Bildung und Anwendung der dialektischen Methode.

23. Wer ist Aristoteles?

Aristoteles ist neben Platon der bedeutendste der griechischen Philosophen. Er wurde in Stagira (Makedonien) im Jahr 384 oder 383 v. Chr. geboren. Er war Mitglied der Akademie und zwanzig Jahre lang Schüler von Platon. Er war auch für die Erziehung des späteren Alexander des Großen verantwortlich. Er gründete das Lykeion, eine Art Universität mit regelmäßigen Kursen, Bibliothek und festem Lehrerkollegium. Nach dem Tod von Alexander ließ er sich in Chalkis nieder, wo er 322 oder 321 v. Chr. starb.

24. Was hielt er von der platonischen Ideenlehre?

Er hielt sie für nutzlos: a)Weil es sich einfach um eine leere Verdopplung der sinnlichen Seienden handelt. b)Weil die Ideen die Bewegung der Seienden nicht erklären. c)Weil sie das Verhältnis zwischen der sinnlichen Welt und der Welt der Ideen unzureichend erklärt. d)Weil sie die unendliche Vermehrung der Ideen impliziert (Argument des dritten Mannes).

25. Welche Gemeinsamkeiten hat er mit Platon?

Er erkennt Formen in den Seienden. Die aristotelischen Formen haben ihre Wurzeln in den platonischen Ideen. Doch anders als Platon macht er sie nicht zu unabhängigen Realitäten, sondern sieht sie zusammen mit den

Seienden als eine einzige Sache, eine einzige Realität. Ähnlich wie Platon behauptet er, dass die Erkenntnis dieser Formen das einzige mögliche Objekt der wahren Erkenntnis ist und dass jedes Seiende seine eigene Form (Idee) hat.

26. Was ist das Sein für Aristoteles?

Aristoteles erkennt die Mehrdeutigkeit des Begriffs "Sein" in seinen verschiedenen Verwendungen und Anwendungen. Er sagt, dass "Sein" auf viele Arten verstanden wird, aber dass diese verschiedenen Bedeutungen sich auf eine gemeinsame Natur beziehen. "Sein" hat keine univoke Bedeutung, sondern eine mehrdeutige Bedeutung. Diese Vieldeutigkeit impliziert keine Äquivokheit. Obwohl "Sein" auf viele Arten ausgesagt wird, lassen sich diese Arten auf zwei grundlegende reduzieren: a)Die Art des "an sich" Seins *(in se)* oder Substanz, und b)Die Art des "in einem anderen" Seins *(in alio)* oder anders ausgedrückt, die Akzidenzien.

27. Worin gründet Aristoteles die Ontologie?

Aristoteles spricht in der *Metaphysik* von der Bezugnahme des Seins oder dessen, was ist, auf eine einzige Natur oder ein einziges Prinzip. Diese Einheit der Bezugnahme, auf die Aristoteles die Ontologie gründet, ist die Substanz *(ousía)*.

28. Was sind die Prinzipien des Seienden?

Es sind vier: Materie, Form, Ursprung der Bewegung und Zweck. Die Materie ist das "Woraus" das Seiende besteht. Die Form ist das "Was" des Seienden. Der Ursprung der Bewegung lässt sich in der Lehre von Akt und Potenz zusammenfassen. Und der Zweck ist dasjenige, aufgrund dessen etwas geschieht.

29. Was ist die erste Materie?

Die erste Materie *(materia prima)* kann weder als Substanz noch als Menge oder als eine der anderen Kategorien bezeichnet werden. Sie ist absolut unbestimmt.

30. Welche Arten von Veränderung gibt es im Seienden?

Es gibt vier Arten. 1-<u>Entsprechend der Substanz</u>. Wir unterscheiden *generatio et corruptio*: Generation und Korruption. 2-<u>Entsprechend der Quantität</u>. Wir unterscheiden *incrementum et decrementum*: Zunahme und Abnahme. 3-<u>Entsprechend der Qualität</u>. Wir unterscheiden *mutatio*: Alteration. 4-<u>Entsprechend dem Ort</u>. Wir unterscheiden *translatio*:Translation

31.Was ist die Wissenschaft für Aristoteles?
Wissenschaft ist Erkenntnis durch die Ursachen.

32.Was ist die Lehre der Ursachen?
Jede Veränderung oder Bewegung hat eine Ursache. Die Ursache ist dasjenige, von dem etwas abhängt, sei es in seinem Sein oder in seinem Werden. Aristoteles unterscheidet vier Arten von Ursachen: 1-<u>Formale Ursache</u>. Sie ist die Form, die jeder Spezies des Seienden entspricht. 2-<u>Materielle Ursache</u>. Sie ist die Materie als unbestimmtes Substrat des Seienden. 3-<u>Effizzient Ursache</u>. Sie ist dasjenige, von dem die Anfangsbewegung des Seienden stammt. 4-<u>Finale Ursache</u>. Sie ist dasjenige, für das die Bewegung des Seienden stattfindet.

33.Was ist der Erste Beweger?
Es ist ein Seiendes, das bewegt, ohne selbst bewegt zu werden.

34.Wie bewegt der Erste Beweger?
Durch Anziehung zu sich selbst. Als Objekt der Wünsche. *Er bewegt wie das Objekt der Liebe.* Er wirkt als finale Ursache der Seienden. Er bewegt nicht als effiziente Ursache. Wenn er es täte, würde er selbst sich ändern. Aber Er kann sich nicht ändern. Er ist reine Aktualität. In Ihm gibt es keinen Übergang von Potenz zu reinem Akt, denn wenn es so wäre, würde Er sich bewegen. Und wir stimmen überein, dass der Erste Beweger unbeweglich ist.

35.Was ist die aristotelische Lehre von Gott?
Der unbewegte Erste Beweger ist für Aristoteles Gott. Der aristotelische Gott ist kein Schöpfergott. Die Welt existiert seit Ewigkeit, ohne dass

jemand sie geschaffen hat. Gott formt die Welt, indem Er die Quelle der Bewegung ist. Er übt eine solche Anziehung auf die Wesen aus, dass sie sich zu Ihm bewegen. Er ist immateriell, da Materie die Möglichkeit hat, passiv und veränderlich zu sein. Er ist reiner Geist. Reines Denken. Seine Tätigkeit besteht nur im Denken. Und Er denkt nur an Sich selbst, denn andernfalls wäre Er vom gedachten Objekt abhängig, und Er ist sich selbst genug. Aber außerdem müssen wir hinzufügen, dass Seine Gedanken auf das Höchste, das Würdigste, das heißt auf Sich selbst, ausgerichtet sind. So denkt Er über Sich selbst nach, weil Er das Beste ist. Er kann das Objekt des Denkens nicht ändern, denn das würde eine Bewegung bedeuten. Und Er ist unbeweglich. Gott ist das Denken des Denkens. Sein ganzes Leben und Glück besteht in dieser ewigen Selbstbetrachtung. Er beschäftigt sich mit nichts anderem.

36.Welche anderen intellektuellen Beiträge erhält Sankt Thomas neben dem Aristotelismus?

Sankt Thomas verbindet seinen Aristotelismus mit den Beiträgen von Augustinus und durch ihn mit dem Neuplatonismus; Beiträge von Boethius und Pseudo-Dionysius; Beiträge seiner mittelalterlichen christlichen Vorgänger; jüdische Denker (hauptsächlich Maimonides) und arabische Denker (Averroes).

37.Was ist der Ausgangspunkt der thomistischen Erkenntnistheorie?

Es ist folgender: Es ist möglich, das Sein der Seienden zu erkennen und zu erfassen, weil die Realität intelligibel ist. Wenn etwas Sankt Thomas auszeichnet, dann die Objektivität seiner Lehre.

38.Wann ist ein Seiendes erkennbar?

Ein Seiendes ist nur erkennbar, wenn es in Akt ist und nicht in Potenz. Denn etwas ist Sein und wahres Objekt der Erkenntnis, wenn es in Akt ist.

39.Welche Arten von Sinnen spielen beim Wissen eine Rolle?

Das Wissen erkennt zwei Arten von Sinnen: die äußeren Sinne und die inneren Sinne.

40. Welche sind die äußeren Sinne und welche Funktion erfüllen sie?

Die äußeren Sinne sind fünf: Sehen, Geschmack, Geruch, Berührung und Hören. Ihre Funktion besteht darin, das Sensible zu erfassen.

41. Welche sind die inneren Sinne und welche Funktion erfüllen sie?

Die inneren Sinne organisieren das Material, das von den äußeren Sinnen gewonnen wurde. Es gibt vier: Gemeinsinn *(sensus communis)-* Vorstellungskraft *(phantasia* oder *imaginatio)-* Gedächtnis *(vis memorativa)* -schätzendes Vermögen *(vis aestimativa).*

42. Was ist der Gemeinsinn?

Der Gemeinsinn oder *sensus communis* ist der innere Sinn, der die Daten unterscheidet und zusammenführt, die von den äußeren Sinnen geliefert werden.

43. Welche Funktion erfüllt die Vorstellungskraft?

Die Vorstellungskraft oder *phantasia* bewahrt die von den äußeren Sinnen erfassten Formen.

44. Welche Funktion erfüllt das Gedächtnis?

Das Gedächtnis oder *vis memorativa* erkennt das in der Vorstellungskraft Bewahrte.

45. Welche Funktion erfüllt das schätzendes Vermögen?

Das schätzendes Vermögen oder *vis estimativa* unterscheidet Nützliches von Schädlichem, Freundliches von Feindlichem. Es kann <u>natürlich</u> sein und instinktiv wahrnehmen, typisch für Tiere, oder <u>*cogitativa*</u>, typisch für Menschen.

46. Was ist Erkennen?

Erkennen ist das Erfassen des Wesens der Seienden durch Abstraktion. Erkennen ist eine gemeinsame Arbeit der Sinne und des Verstandes. Der Mensch kann dies tun, weil die Realität intelligibel ist.

47. Wo und wie beginnt der Erkenntnisprozess?

Der Erkenntnisprozess beginnt im Subjekt durch seine sinnliche Erfahrung der körperlichen Seienden. Das erkennende Subjekt arbeitet aktiv am Erkenntnisprozess mit. Der Mensch ist kein passives Seiende, denn wie ein scholastisches Prinzip besagt: *Was empfangen wird, wird entsprechend der Modalität (oder der Art des Seins) des Empfängers empfangen.*

48. Wie verläuft der Erkenntnisprozess?

Das Subjekt nimmt Empfindungen von den körperlichen Seienden wahr. Durch die Empfindung können wir nur die besonderen Seienden erfassen. Die Gesamtheit der Empfindungen wird in einem Bild oder *phantasma* synthetisiert, das das wahrgenommene körperliche Seiende darstellt. Die Bilder oder *phantasmata* sind immer Bilder von besonderen Seienden. Wenn der Prozess hier enden würde, würden wir wissen, wie Tiere wissen, die keine vernünftige Seele haben. Die menschliche rationale Seele kann nicht direkt vom *phantasma* beeinflusst werden, da es das Materielle darstellt und die menschliche Seele immateriell ist. Die Frage des menschlichen Erkennens bezieht sich auf die *conversio ad phantasmata*. Wie das Besondere, das wahrgenommen wurde, zum Allgemeinen wird. Die menschliche Seele kann nur universelle, immaterielle Konzepte erkennen und keine besonderen, körperlichen Seienden. Daher entwickelt sich ab diesem Punkt eine exklusive Aktivität der rationalen Seele, um das Universale zu erreichen. Jetzt kommt der Verstand, eine Fakultät der Seele, ins Spiel, der durch Abstraktion die Wesen der Seienden erfassen wird.

49. Welche Arten von Intellekt können unterschieden werden?

Zwei Arten des Intellekts können unterschieden werden: der aktive Intellekt (oder agenten Intellekt) und der passive Intellekt (oder möglicher Intellekt).

50. Welche unerlässliche Voraussetzung muss erfüllt sein, damit das Verständnis wirkt?

Um zu erkennen, muss das Verständnis als unerlässliche Voraussetzung in Akt sein. Der **agenten Intellekte** ist in Akt in Bezug auf die *phantasmata*, die in Akt sinnlich, aber potentiell intelligibel sind. Und der **passive Intellekte** ist potentiell in Bezug auf die in Akt intelligiblen Dinge.

51.Besitzt das Verständnis angeborene Ideen auf platonische Weise?

Das Verständnis besitzt keine angeborenen Ideen. Es löst den Prozess der Abstraktion aus, der uns einzig und allein das Universale erreichen lässt. Abstrahieren bedeutet, das Universale intellektuell zu isolieren, indem man es von den particularisierenden Merkmalen trennt.

52.Wie wirken der aktive und passive Intellekte?

Der aktive Intellekte beleuchtet das *phantasma* und abstrahiert daraus das Universale oder intelligible Art. Durch diese Abstraktion erzeugt der aktive Intellekte im passiven Intellekte die *species impressa* (eingedrückte Spezies). Die Reaktion des passiven Intellekts auf diese Bestimmung ist die *species expressa* oder *verbum mentis*, nämlich das universale Konzept im eigentlichen Sinne.

53.Was ist das Konzept?

Das Konzept ist die Ähnlichkeit des Objekts, die in der menschlichen Seele erzeugt wird. Es ist nicht das Objekt des Wissens, sondern sein Mittel. Wenn es an sich selbst das Objekt wäre, wäre unser Wissen ein Wissen von Ideen und nicht von extramentalem Sein. Folglich ist das Konzept nicht primär das Objekt unseres Wissens, sondern primär ein Instrument oder Mittel des Wissens.

54.Kennt der Intellekt die besonderen körperlichen Seienden?

Es ist falsch zu sagen, dass der Heilige Thomas behauptet, der Intellekt habe kein Wissen von besonderen körperlichen Seienden. Was er sagte, ist, dass die Seele nur eine indirekte Kenntnis solcher besonderen körperlichen Seienden hat, ausgehend von der *conversio ad phantasmata*, und das aufgrund dessen, dass ihr direktes Wissensobjekt das universale Seiende ist.

55.Was erkennt der Mensch zuerst?

Das Erste, was der Mensch erkennt, sind die körperlichen Seienden durch die Sinne.

56. Was ist das eigene und unmittelbare Objekt des Intellekts?

Das eigene und unmittelbare Objekt des Intellekts ist das Wesen der körperlichen Seienden. Durch die Sinne erkennt er die Zusammensetzung von Seele und Körper. Durch den Intellekt erkennt er nur die Seele.

57. Was bedeutet hylemorphe Zusammensetzung der körperlichen Seienden?

Es bedeutet, dass ein körperliches Seiende eine Zusammensetzung von Materie und Form ist.

58. Was ist die Substanz?

Sie ist die ursprüngliche Manifestation des körperlichen Seienden. Wir erkennen das Seiende durch die Substanz.

59. Was ist in der Aristotelischen Lehre die Substanz?

Es ist eine Zusammensetzung von Materie und Form, Akt und Potenz, in der die Akzidenzien inhaerieren.

60. Was ist die erste Materie *(materia prima)*?

Es ist die Materie, die keine Form hat und im Potenzial ist, alle Formen zu empfangen, die ein Körper erhalten kann.

61. Was ist die Form der Substanz?

Es ist das Prinzip, das das körperliche Seiende in seine spezifische Klasse stellt und bestimmt, was es ist.

62. Welche Beziehung besteht zwischen Form und Materie?

Die Form individualisiert die Materie.

63. Wie wird die Materie des körperlichen Seienden genannt?

Sie wird *Materia signata quantitatis* genannt, das heißt, sie ist Materie, die von der Quantität geprägt ist. Sie ist das Prinzip der Individualisierung.

64.Welche anderen Prinzipien fügt Sankt Thomas der aristotelischen Hylemorphismus hinzu?

Er fügt zwei weitere Prinzipien hinzu: Wesen und Existenz.

65.Was ist die Substanz bei Sankt Thomas?

Es ist ein Zusammenspiel von Materie und Form, Akt und Potenz, Wesen und Existenz, in dem die Akzidenzien inhaerieren.

66.Was ist das Wesen?

Es ist das Prinzip, durch das das Seiende ist, was es ist und kein anderes Seiendes. Es ist jedoch nur potenziell so. Es ist nicht nur Form, sondern auch Materie. Es ist im Potenzial, Existenz zu erhalten.

67.Was ist die Existenz?

Es ist das Prinzip, das das Wesen in Akt setzt. Die Existentz ergibt sich aus dem Akt des Existierens oder Seins, das der Akt ist, durch den das Wesen (das Existieren) empfängt.

68.Was ist das Sein (Seiende) für Sankt Thomas?

Es ist das, was existiert. Wenn es nicht existiert, wäre es potenzielles Sein (Seiende). Aber es ist nicht in der konkreten Realität. In diesem Fall hat es keine ontologische Bedeutung.

69.Was erlaubte es Sankt Thomas, die Unterscheidung zwischen Wesen und Existenz zu treffen?

Es erlaubte ihm, Gott metaphysisch zu definieren, im Einklang mit der christlichen Offenbarung.

70.Was ist Gott für Sankt Thomas metaphysisch gesehen?

Er ist das Sein. Das subsistierende Sein. Reines Akt. Notwendig. Einfach und daher ohne Zusammensetzung von Materie und Form, Akt und Potenz, Wesen und Existenz. Er ist der Schöpfer. Alles Geschaffene teilt sein Sein. Erste Ursache und nicht nur finale Ursache. Er ist eins.

71.In welchen Themen wich Sankt Thomas von Aristoteles ab?

Wir können die folgenden Punkte nennen: 1.In der Aristotelischen Lehre ist die Welt ewig. Bei Sankt Thomas wird sie von Gott geschaffen. 2.In Aristoteles existiert Gott unabhängig von der Welt und den Geschöpfen, verschlossen in sich selbst. Bei Sankt Thomas ist Gott das notwendige Sein, ohne dessen Mitwirkung es keine Existenz gäbe. Er erschafft, erhält und übt Vorsehung aus. Er ist kein Seiende wie in Aristoteles. Er ist das Sein selbst. 3.Sankt Thomas behauptet, dass die Seele die Auferstehung des Körpers verlangt. 4.Sankt Thomas behauptet, dass jeder Substanz nur eine einzige körperliche Form entspricht. Daher ist in der menschlichen Kreatur nur die Seele Form. Es gibt keine andere Form, nicht einmal die des Körpers. Die körperliche Form existiert nicht. 5.Sankt Thomas hält die Existenz von Engelwesen, echten Seienden, aufrecht. Sie sind reine Form, ohne jegliche Materie. 6.Aristoteles behauptete, dass der aktive Intellekt nur einer für alle Menschen sei. Für Sankt Thomas hat jeder Mensch seinen eigenen aktiven Intellekt. 7.Sankt Thomas behauptet die persönliche Unsterblichkeit. Aristoteles lehnte sie ab. 8. Sankt Thomas entwickelt die Lehre der Analogie und die der Teilhabe, von platonischem Ursprung, tiefgreifend.

72.Was ist das Sein nach der thomistischen Metaphysik?

Das Sein ist das, wodurch das Seiende existiert.

73.Wie erkennen wir das Sein?

Wir erkennen das Sein durch die Seienden. Das Sein des Seienden ist Akt (nicht Potenz) und Form (nicht Materie). Und was weder Materie noch Potenz hat, ist deshalb von Veränderung befreit. Daher sagen wir, dass das Sein etwas Festes und ruhendes im Seienden ist.

74.Wie empfängt jedes Seiende das Sein?

Es empfängt es entsprechend seiner eigenen Wesen. Ein unbelebtes Objekt wie ein Felsen empfängt es auf primitive und unvollkommene Weise. Ein Mensch hingegen auf vollkommene Weise. Daher zeigt sich das Sein in jedem dieser Seienden auf unterschiedliche Weise. Aber in allen ist es vorhanden. Jedes Seiende partizipiert am Sein entsprechend seiner eigenen Natur.

75.Welche Originalität hat die thomistische Metaphysik?

Die konstanteste Tendenz der Philosophen, wie die Geschichte zeigt, bestand immer darin, das Sein eher als Wesen zu betrachten. Die Existenz erscheint als eine Eigenschaft des Wesens. Die Originalität von Sankt Thomas liegt darin, dass er die Unterscheidung zwischen Wesen und Existenz in den geschaffenen Seienden klar gemacht hat und dass diese Unterscheidung in Gott nicht besteht. Die Existenz ist der Akt oder die letzte Vollkommenheit des Seins in den geschaffenen Seienden. Und Gott selbst ist das *Ipsum esse subsistens*. Das Sein ist daher für Sankt Thomas, sowohl in Gott als auch in den Geschöpfen, die hervorragende Existenz.

76.Was ist das Seiende?

Das Seiende ist das, was Sein hat oder Sein haben kann. Es ist das, was ist.

77.Wie viele Bedeutungen hat das Seinde?

Das Seiende hat drei Bedeutungen: 1-Das Seiende als das, was rein ideell ist. Das heißt: Das, was nur in unserem Verstand existiert. Es ist das Seiende der Vernunft. Zum Beispiel: Zahlen, geometrische Figuren usw. Es ist metaphysisch irrelevant. 2-Das Seiende als das Verhältnis zwischen den beiden Extremen eines Satzes. Es ist das logische Seiende. 3-Das Seiende als das, was außerhalb unseres Verstandes eine reale Existenz hat oder haben kann. Es ist das reale Seiende. Es ist das metaphysisch relevante Seiende.

78.Wie präsentiert sich das körperliche Seiende dem Verständnis?

Das körperliche Seiende kann sich als Substanz oder als Akzidens präsentieren; und in letzterem Fall auf neun verschiedene Arten. Das sind die sogenannten Kategorien des Seienden.

79.Welche Bedeutungen hat der Begriff Seiende?

Kaum beginnt sein Werk *De ente et essentia*, lehrt Sankt Thomas, dass der Begriff Seiende zwei Bedeutungen hat: 1-Das Seiende, das in den zehn

Kategorien klassifiziert ist (Bedeutung, auf die wir bereits hingewiesen haben); und 2-Das Seiende, das die Wahrheit der Aussagen bedeutet.

80. Welche Seienden sind in der zweiten Bedeutung enthalten?

Die Seienden, die in der zweiten Bedeutung enthalten sind, sind alle, die das Ende einer positiven Aussage sein können, auch wenn sie nichts mit der Realität zu tun haben. Zum Beispiel: alle Verneinungen und Abwesenheiten. In diesem Sinne kann man sagen: "Die Behauptung ist das Gegenteil der Verneinung"; und auch: "Die Blindheit ist in den Augen". Aber weder die "Verneinung" noch die "Blindheit" entsprechen irgendetwas in der Realität, obwohl sie in ihnen existieren, aber als Mangel. Weder von ihnen ist ein Seiendes in der ersten Bedeutung (das heißt, sie sind keine Substanzen oder Akzidenzien).

81. Warum sind es die Seienden?

Die Seienden sind, weil sie am Sein teilhaben.

82. Was bedeutet teilhaben?

Teilhaben bedeutet, einen Teil von etwas zu empfangen. Es bedeutet, etwas auf begrenzte Weise zu haben, das in sich selbst in voller und vollständiger Form vorhanden sein sollte. Spirituelle Güter werden geteilt. Materielle Güter werden verteilt, und wenn man einen Teil hat, verringert sich das Ganze. Die metaphysische Teilhabe verringert jedoch nichts für irgendjemanden.

83. Wer hat die Fülle des Seins?

Nur das subsistente Sein, Gott, hat die Fülle des Seins. Alle Seienden nehmen an seinem Sein teil. Sie haben das Sein, aber sie sind nicht das Sein. Sie haben es, indem sie es von Gott erhalten, der es ohne Grenzen und ohne Unterscheidung von Wesen und Existenz, Akt und Potenz, Materie und Form besitzt. Jedes Seiende, ganz gleich welches, kommt von Gott. Was Sein hat und nicht das Sein ist, ist Seiendes durch Teilhabe.

84. Wie nehmen die Seienden am Sein Gottes teil?

Jedes Seiende nimmt auf unterschiedliche Weise am Sein Gottes teil. Ein Seiendes ist umso perfekter, je näher es dem Sein Gottes kommt oder je mehr es sich von ihm entfernt. Das Sein der geschaffenen Seienden ist nicht dasselbe wie das Sein Gottes, es ist nicht Gott. Das Sein des geschaffenen Seienden ist auch von Gott in ihm geschaffen. Es nimmt an seinem Sein teil, aber es ist nicht sein Sein.

85. Was ist das Leben?
Das Leben ist eine innere Kraft oder Aktivität, durch die das Seiende, das es besitzt, sich selbst bewegt.

86. Wann ist ein Seiendes lebendig?
Ein Seiendes ist lebendig, wenn es aufgrund seiner Natur die aktive Fähigkeit hat, sich selbst zu bewegen, um seine Operationen auszuführen.

87. Welche Bedingungen stellt das Leben?
Das Leben stellt drei Hauptbedingungen: 1-dass das Prinzip der Bewegung oder Operation intern ist, das heißt, es liegt in der Natur des lebendigen Seienden. 2-dass das Ziel der vitalen Handlung dasselbe Seiende ist. 3-dass die Ausübung des Lebens die Vollkommenheit des Seienden umfasst.

88. Wie bewegt sich ein lebendiges Seiende?
Ein lebendiges Seiendes kann sich auf drei Arten bewegen: 1-Die vitale Operation kommt von einem selbstbewegenden Subjekt oder einem Subjekt, das in seiner Natur das Prinzip und die ausreichende Begründung für die Ausführung der Bewegung hat. Aber es hat nicht in seiner Natur das Prinzip und die ausreichende Begründung für die Form und das Ziel der Bewegung. Es sind lebendige Wesen mit vegetativem Leben. 2-Die vitale Operation kommt von einem selbstbewegenden Subjekt oder einem Subjekt, das in seiner Natur das Prinzip und die ausreichende Begründung für die Ausführung der Bewegung hat. Es hat auch in seiner Natur das Prinzip und die ausreichende Begründung für die Form, die die Bewegung bestimmt und spezifiziert, aber nicht hinsichtlich des Ziels. Es sind lebendige Wesen mit empfindungsfähigem oder tierischem Leben. 3-Die

vitale Operation kommt von einem selbstbewegenden Subjekt oder einem Subjekt, das in seiner Natur das Prinzip und die ausreichende Begründung für die Ausführung der Bewegung hat. Es hat auch in seiner Natur das Prinzip und die ausreichende Begründung für die Form und das Ziel der Bewegung. Es sind lebendige Wesen mit intellektuellem Leben.

89. Was ist das vitale Prinzip?

Mit dem vitalen Prinzip meinen wir die erste Ursache, aus der hervorgeht, dass das Seiende A, das es besitzt, lebendig ist und sich vom nicht lebendigen Seienden B unterscheidet. Es gehört zur Wesen des lebendigen Seienden. In jedem lebendigen Seienden gibt es ein einziges und einzigartiges vitales Prinzip. Es ist die Seele, die drei Funktionen erfüllt: die vegetative, die sensitive und die intellektuelle. Die vegetative Funktion umfasst nur Pflanzen, die vegetative und die sensitive Funktion nur Tiere, und alle drei Funktionen den Menschen.

90. Haben die Seienden eine Ordnung?

Ja, die Seienden haben eine Ordnung. Es ist der Ausdruck einer internen Anforderung, die ein Sollen voraussetzt, das heißt ein Prinzip und ein Ziel. Außerdem ist es eine hierarchische Ordnung: Es gibt Unterscheidungen zwischen den Seienden und ihre Klassifikation nach Graden oder Klassen. *Wo es eine Ordnung gibt, muss es eine Unterscheidung geben.*

91. Was drückt der Begriff Ordnung aus?

Der Begriff Ordnung ist vielschichtig: 1-Er drückt eine Beziehung der Zweckmäßigkeit aus. Diese Beziehung ist dynamisch. Jedes Seiende strebt nach einem Ziel. 2-Er drückt eine Beziehung der formalen Ursache aus. Diese Beziehung ist statisch. Es gibt Unterscheidungen: 2.1.die sitzliche Ordnung: Anordnung, bei der jedes Seiende seinen Platz hat. 2.2.die Gruppenordnung: Die Seienden werden je nach ihren Ähnlichkeiten gruppiert. Von den drei beschriebenen Beziehungen ist die erhabenste die erste, die Ordnung der Zweckmäßigkeit. Deshalb können wir sagen, dass sie der Grund für die anderen ist. Die Ordnung ist das Ergebnis der Zweckmäßigkeit.

92.Welche Unterscheidung ist in der Ordnung gemäß dem Zweck der Seienden zu machen?

Die Ordnung gemäß dem Zweck der Seienden gestattet eine doppelte Unterscheidung. Es ist eine immanente Zweckmäßigkeit, die das Seiende in der Erfüllung seiner eigenen Operationen und der Beziehungen, die es zu anderen Seienden hat, sucht. Und es ist eine transzendente Zweckmäßigkeit, durch die sich die Seienden einem äußeren Ziel unterordnen.

93.Was ist unter vollkommen zu verstehen?

Unter vollkommen versteht man: 1.Was abgeschlossen ist. Im Gegensatz zu keimhaft und anfänglich. Ein vollkommenes Seiendes ist ein Seiendes, das die Fülle des Seins gemäß seiner Natur hat. 2.Was edel ist. Im Gegensatz zu niedrig und gemein. Ein edles Seiendes ist ein wertvolles Seiendes. In diesem Fall sind die verschiedenen Grade der Vollkommenheit (verstanden als Edelheit) der Seienden durch ihre verschiedenen Arten der Teilhabe am Sein gegeben.

94.Welche Ordnung oder Skala der Seienden kann gemacht werden?

Die Skala der Seienden hat an ihrer Basis die unbelebten körperlichen Seienden. Darüber erscheinen die irrationalen Lebewesen. Erstens die Pflanzen. Zweitens die Tiere. Drittens die Menschen. Über den rationalen Lebewesen stehen die rationalen unkörperlichen Seienden. Es sind reine Formen oder Engel. Über den Engeln steht das höchste Sein, Gott. Und erinnern wir uns daran, dass in jedem Teil weitere Unterscheidungen gemacht werden können, je nach der größeren oder geringeren Vollkommenheit des Seienden, das heißt, je nach seiner größeren oder geringeren Teilhabe oder Nähe zum höchsten Sein.

95.Welche Beziehungen bestehen zwischen dem Sein und dem Handeln?

Etwas handelt, soweit es Seiendes ist. Das Handeln setzt das Sein voraus. Nur ein Seiendes kann Handlungen ausführen. Die Handlung identifiziert sich nicht mit dem Sein. Sie identifiziert sich auch nicht mit dem Seienden, seiner Substanz oder seinem Wesen. In diesem Sinne ist die

Handlung ein Akzidens. Das Seiende handelt, aber es ist nicht sein Handeln. Das Seiende bleibt als solches bestehen, auch wenn es nicht handelt.

96.Wie können die Handlungen, die ein Seiende ausführt, klassifiziert werden?

Es gibt zwei Arten von Handlungen: 1.Eine, die vom Agenten zu einer äußeren Sache geht, die sie ändert (oder eigentliche Handlung). Sie überträgt Vollkommenheit auf ein anderes Seiende. Deshalb werden sie transitive Handlungen genannt. Zum Beispiel: lehren, schmücken, etc. 2.Eine andere, die vom Agenten zu sich selbst geht (oder Operation). Sie vervollkommnet das eigene Seiende, das handelt. Deshalb werden sie immanente Handlungen genannt. Zum Beispiel: das Verstehen und das Wollen.

97.Wie handelt das Seiende?

Das Seiende handelt durch die operativen Fähigkeiten oder Potenzen. Diese kommen aus seinem Wesen, sind aber nicht sein Wesen selbst. Sie sind Akzidenzien.

98.Was sind die Transzendentalien?

Die Transzendentalien sind die allgemeinen oder gemeinsamen Eigenschaften eines jeden Seienden. Es sind drei: das Eine, das Wahre und das Gute.

99.Kann dem Seienden etwas hinzugefügt werden?

Sankt Thomas lehrt, dass dem Seienden nichts hinzugefügt werden kann, das wie eine fremde Natur zu ihm ist, so wie die Differenz zum Geschlecht oder das Akzidens zur Substanz hinzugefügt wird. Das liegt daran, dass jede Natur wesentlich Seiende ist. Außerdem gibt es außerhalb des Seienden nichts. Nichts kann dem Seienden von außen hinzugefügt werden.

100.Was kann dem Seienden hinzugefügt werden?

Das Einzige, was dem Seienden hinzugefügt werden kann, ist eine Weise desselben Seienden, die in ihm vorhanden ist, aber nicht in einem

Konzept ausgedrückt wird. Was hinzugefügt wird, ist also eine implizite Weise des Seienden. Eine solche Hinzufügung besteht letztendlich darin, einen impliziten Inhalt explizit zu machen.

101.Welche Modi können dem Seienden hinzugefügt werden?

Es gibt zwei: 1-Spezieller Modus des Seienden. Es sind die zehn höchsten Gattungen, genannt Kategorien oder Prädikamentale. Der erste ist die Substanz. Die neun anderen sind die Akzidenzien: 1-Quantität (Menge). 2-Qualität (Beschaffenheit). 3-Relation (Beziehung). 4-Ort (Örtlichkeit). 5-Zeit (Zeitspanne). 6-Lage (Position). 7-Besitz (Eigentum). 8-Handlung (Tätigkeit). 9-Leiden (Leidenschaft). 2-Allgemeiner Modus für jedes Seiende. Diese Modi haben die gleiche Universalität wie das Seiende: Sie beschränken es weder in seiner Begriffserklärung noch in seiner Ausdehnung. Es sind die Tranzendentalien.

102.¿Was fügen die Transzendentalien dem Seienden hinzu?

Was die Tranzendentalien dem Seienden hinzufügen, ist nichts Reales, da jeder von ihnen den gleichen Inhalt wie das Seiende hat. Das Hinzugefügte ist rein begrifflich. Es kann sich nicht vom Seienden unterscheiden, es sei denn durch die Intervention der Vernunft, um zu unterscheiden.

103.Welche Eigenschaften haben die Transzendentalien?

Die Transzentalien sind untereinander identisch. Sie sind in den Aussagen äquivalent oder konvertierbar. Sie können im Urteil zwischen ihnen als Subjekt und Prädikat vertauscht werden. Zum Beispiel kann ich sagen: "Das Seiende ist eins"; oder: "Das Eine ist Seiende". Obwohl sie sich untereinander identifizieren, ist jeder ihrer Begriffe unterschiedlich: Jeder Transzendentale expliziert einen anderen Aspekt des Begriffs des Seienden. Sie beziehen sich auf dieselbe Realität, aber jeder von ihnen zeigt sie mit einem anderen Aspekt.

104.Was fügen jeder der Tranzendentalien dem Seienden hinzu?

Die Einheit: fügt eine Beziehung der internen Ungeteiltheit des Seienden hinzu (das Eine). Die Wahrheit: fügt eine Beziehung mit dem

Intellekt hinzu (das Wahre). <u>Die Güte</u>: fügt eine Beziehung mit dem Willen hinzu (das Gute)

105.Was sind die zwei Arten von Einheit des Seienden?

Die erste Art ist die trascendentale oder metaphysische Einheit. Sie fügt dem Seienden nichts hinzu und ist damit konvertierbar. Die zweite Art ist die numerische Einheit. Es handelt sich um einen Akzidens der Substanz: die Menge. Daher sollte man die Einheit im Sinne des Seins oder des Seienden nicht mit der Einheit als Zahlprinzip verwechseln, das eine Akzidens der Substanz ist und dem Seienden die Beziehung der Messung hinzufügt.

106.Was bedeutet die trascendentale Einheit?

Die trascendentale Einheit bedeutet für Aristoteles und für Sankt Thomas nichts anderes als die Unerheblichkeit oder die Negation der inneren Teilung des Seienden. Die Einheit wird immer formal durch die Abwesenheit von Teilung definiert. Das Seiende teilt sich nie. Die Vielheit der Seienden kommt nicht von ihrer Teilung.

107.Woher kommt die Vielheit der Seienden?

Die Vielheit der Seienden kommt von der Unterscheidung der Wesen unter den Seienden. *Die Vielheit entsteht nicht durch Teilung, sondern durch formale Gegensätze (...).* Die trascendentale Einheit drückt nicht die Negation der Vielheit aus, sondern die Negation der inneren Teilung des Seienden. Die Einheit leugnet nicht die äußere Teilung und somit die Vielheit der Seienden. Die Vielheit setzt die ungeteilte Einheit voraus.

108.Welche philosophischen Traditionen beeinflussten die thomistische Metaphysik in Bezug auf ihre Lehre über die Wahrheit?

Sankt Thomas wurde von zwei großen philosophischen Traditionen beeinflusst: der aristotelischen und der augustinischen.

109.Was bedeutet Wahrheit für die aristotelische Tradition?

Aristoteles untersuchte die Wahrheit aus subjektiver Sicht. Die Wahrheit ist das Objekt, das von jedem Wissen angestrebt wird. Es wird logische Wahrheit genannt und kann als Übereinstimmung des Verstandes mit dem Seienden definiert werden *(adaequatio intellectus ad rem)*. Dies ist die Wahrheit im Verstand.

110.Was bedeutet Wahrheit in der augustinischen Tradition?

Augustinus untersuchte die Wahrheit aus objektiver Sicht. Die Wahrheit ist das Objekt, das den Geist beherrscht und sich ihm aufdrängt. Die Wahrheit ist die ewige und unveränderliche göttliche Wahrheit. Es ist die ontologische Wahrheit und kann als Übereinstimmung des Seienden mit dem Verstand definiert werden *(adaequatio rei ad intellectum)*. Dies ist die Wahrheit in den Seienden oder die entitative Wahrheit. Das ist die Wahrheit als trascendentaler Eigenschaft des Seins (ente).

111.Was ist die Wahrheit in Sankt Thomas?

Sankt Thomas wird versuchen, beide Traditionen zu vereinen. Für ihn wird die Wahrheit gleichzeitig die Perfektion des Wissens (logische Wahrheit) und die objektive Eigenschaft des Seins (ontologische Wahrheit) sein. Die Wahrheit ist formal im Verstand, der das Subjekt der Wahrheit ist; aber als Ursache ist die Wahrheit in den Dingen. Die Wahrheit ist kein absolutes, sondern ein Verhältnis: das Verhältnis des Seins zum Verstand.

112.Wo findet sich die Wahrheit?

Die Wahrheit findet sich: 1.formell und hauptsächlich in der urteilenden Intelligenz; 2.in der Vernunft und im einfachen Verstand, mit dem gleichen Charakter wie jedes wahre Ding; 3-in den Seienden, wesentlich, insofern sie der Idee entsprechen, nach der Gott sie erschaffen hat; 4.in den Seienden, akzidentell, in Bezug auf den spekulativen Verstand, der sie erkennen kann.

113.Wie definiert Aristoteles das Gute?

Aristoteles hat in seinem Werk mit dem Titel *Nikomachische Ethik* gesagt, dass *das Gute das ist, was alle Dinge begehren*, oder dass *das Gute das ist, wonach alle Dinge streben*.

114.Wie wird das Gute definiert?

Das Gute wird durch eine Beziehung des Seins (Seiende) zum Verlangen definiert. Es befindet sich im Seienden in Akt und bildet die Eigenschaft der Begehrlichkeit. Gut ist das Seiende in Bezug auf den Willen. Das Gute befindet sich in den Seienden.

115. Gibt es eine gemeinsame Güte der Seienden?

Es gibt keine gemeinsame Güte der Seienden. Die Güte des Menschen ist, Mensch zu sein, und die des Baums ist, Baum zu sein. Es muss daher kein Gutes an sich außerhalb der Naturen angenommen werden.

116. Was ist das Fundament des Guten?

Das Fundament des Guten ist das Sein. Nur Gott ist das in sich selbst bestehende Sein. Gott ist das erste Gut. Er ist das Vorbild und die wirksame Ursache allen Guten. Alle Dinge sind gut aufgrund der Güte Gottes. Und sie sind gut durch Teilhabe.

117. Welcher Tradition bedient sich Sankt Thomas, um die Idee des Guten zu erklären?

Um die Idee des Guten zu klären, bedient sich Sankt Thomas der augustinischen Tradition, nach der das Gute aus drei Dingen besteht: *modus, species* und *ordo*.

118. Was sind *modus, species und ordo*?

Modus, species und ordo sind die konstitutiven Weisen jeder Vollkommenheit oder des Guten im endlichen Sein.

119. Was ist der *modus*?

Der *modus* ist das angemessene Maß, in dem die Vollkommenheit in einem bestimmten Seienden vorhanden ist. Es sind die charakteristischen Eigenschaften des individualisierten Seienden, die es von anderen Seienden derselben Gattung und Art unterscheiden.

120. Was ist die *species*?

Die *species* als konstitutive Dimension des Guten ist die eigentliche Form des Seienden.

121. Was ist die *ordo*?

Die *ordo* ist die Neigung oder Tendenz des Seienden zu seinem Ziel, zu anderen Seienden, zu den Handlungen, die er ausführen kann, und zur Mitteilung seiner Vollkommenheiten.

122. Wie wird das Gute unterteilt?

Das Gute wird unterteilt in: edle, nützlich und angenehm.

123. Was ist das edel Gut?

Als edle wird das Gut bezeichnet, das es wert ist, um seiner selbst willen gesucht zu werden. Im eigentlichen Sinne ist das Gut das edle Gut.

124. Was ist das nützliche Gut?

Das nützliche Gut ist das Gut, das begehrt wird, um ein anderes Gut zu erreichen.

125. Was ist das angenehme Gut?

Das angenehme Gut ist das Gut, das wegen der Freude, die es bereitet, begehrt wird.

ENDNOTEN

[1]ARISTOTLE. *Metaphysics*. Book 4. [1005a] [1]. Perseus Digital Library. Gregory R. Crane, Editor-in-chief. Tufts University. Tufts.edu .

[2]SERTILLANGES A.D. *Santo Tomás de Aquino. Tomo I*. Ediciones Desclée de Brouwer. Buenos Aires. 1946. Seite 37.

[3]MANSER GALLUS. *La esencia del Tomismo*. Traducción de la segunda edición alemana. Madrid. 1947. Seite 44.

[4]DERISI OCTAVIO, MONSEÑOR. *Nuevos aportes a la metafísica tomista*. Revista Humanitas. Universidad de Nuevo León. Nr 19. 1978. Seite 28.

[5]Siehe GARRIGOU-LAGRANGE REGINALD. *La Síntesis Tomista,* Ediciones Desclée, de Brouwer. Buenos Aires. 1947. Seite 47.

[6]GARRIGOU-LAGRANGE REGINALD. *La Síntesis Tomista,* Ediciones Desclée, de Brouwer. Buenos Aires. 1947. Seiten 47-48.

[7]Siehe JOLIVET RÉGIS. *Trattato di filosofia. IV Metafisica*. Titolo originale dell'opera: Traité de philosophie. III. Métaphysique. Emmanuel Vitte, Editeur -Lyon–Paris Traduzione italiana di Lorenzo Contratti (1959). Edizione elettronica a cura di Totus Tuus Network -2011. Kapitel I. Art. I, 164.

[8]Siehe GRENIER HENRI. *Thomistic Philosophy*. Translated from the Latin of the original *Cursus Philosophiae* (Editio tertia) by Rev. J. P. E. O'Hanley, Ph.D. St. Dunstan's University. Charlottetown, Canadá. 1950. Nr 498-501. Seiten 288-289.

[9]Siehe JOLIVET RÉGIS. *Trattato di filosofia. IV Metafisica*. Titolo originale dell'opera: Traité de philosophie. III. Métaphysique. Emmanuel Vitte, Editeur -Lyon–Paris Traduzione italiana di Lorenzo Contratti (1959). Edizione elettronica a cura di Totus Tuus Network -2011. Kapitel I. Art. I, 165.

[10]Siehe GARDEIL H.D. *Iniciación a la Filosofía de Santo Tomás de Aquino. 4-Metafisica.Obra citada*. Editorial Tradición. México. 1974. Seite 44.

[11]Siehe GARDEIL H.D. *Iniciación a la Filosofía de Santo Tomás de Aquino. 4-Metafisica.Obra citada*. Editorial Tradición. México. 1974. Seite 30.

[12]Siehe MANSER GALLUS. *La esencia del Tomismo*. Traducción de la segunda edición alemana. Madrid. 1947. Seite 44.

[13]CARPIO ADOLFO P. *Principios de filosofía. Una introducción a su problemática*. Segunda edición Quinta reimpresión. Glauco. Buenos Aires. 2004. Seite 28.

[14]FERRATER MORA JOSE. *Diccionario de Filosofía. Tomo I.* Konsultierter Artikel: "Heráclito". Editorial Sudamericana. Buenos Aires. Quinta Edición. Seite 831.

[15]GARCIA MORENTE MANUEL. *Lecciones Preliminares de Filosofía.* Editorial Porrúa SA. México. 1980. Seite 50.

[16]GARCIA MORENTE MANUEL. *Lecciones Preliminares de Filosofía.* Editorial Porrúa SA. México. 1980. Seite 51.

[17]ARISTÓTELES. *Acerca del Cielo. Meteorológicos.* Introducción, traducción y notas de Miguel Candel. Editorial Gredos. Madrid. 1998. 298 b 30 (III, 1).Seite 165.

[18]FERRATER MORA JOSE. *Diccionario de Filosofía. Tomo I.* Konsultierter Artikel: "Heráclito". Editorial Sudamericana. Buenos Aires. Quinta Edición. Seite 833.

[19]COPLESTON FREDERICK. *Historia de la Filosofía. Tomo I. Grecia y Roma.* Editorial Ariel. Barcelona. 1994. Seite 38.

[20]FERRATER MORA JOSE. *Diccionario de Filosofía. Tomo I.* Konsultierter Artikel: "Heráclito". Editorial Sudamericana. Buenos Aires. Quinta Edición. Seite 833.

[21]COPLESTON FREDERICK. *Historia de la Filosofía. Tomo I. Grecia y Roma.* Editorial Ariel. Barcelona. 1994. Seite 39.

[22]COPLESTON FREDERICK. *Historia de la Filosofía. Tomo I. Grecia y Roma.* Editorial Ariel. Barcelona. 1994. Seite 40.

[23]COPLESTON FREDERICK. *Historia de la Filosofía. Tomo I. Grecia y Roma.* Editorial Ariel. Barcelona. 1994. Seite 41.

[24]COPLESTON FREDERICK. *Historia de la Filosofía. Tomo I. Grecia y Roma.* Editorial Ariel. Barcelona. 1994. Seiten 45-46.

[25]GILSON ETIENNE. *El ser y la esencia.* Ediciones Desclée de Brouwer. Buenos Aires.1965. Seite 25.

[26]GARCIA MORENTE MANUEL. *Lecciones Preliminares de Filosofía.* Editorial Porrúa SA. México. 1980. Seite 54.

[27]HIRSCHBERGER J. *Breve historia de la filosofía.* Editorial Herder. Barcelona. 1977. Seite 20.

[28]COPLESTON FREDERICK. *Historia de la Filosofía. Tomo I. Grecia y Roma.* Editorial Ariel. Barcelona. 1994. Seite 47.

[29]COPLESTON FREDERICK. *Historia de la Filosofía. Tomo I. Grecia y Roma.* Editorial Ariel. Barcelona. 1994. Seite 46.

[30]CARPIO ADOLFO P. *Principios de filosofía. Una introducción a su problemática.* Segunda edición Quinta reimpresión. Glauco. Buenos Aires. 2004. Seite 32.

[31]COPLESTON FREDERICK. *Historia de la Filosofía. Tomo I. Grecia y

Roma. Editorial Ariel. Barcelona. 1994. Seite 46.

[32]GARCIA MORENTE MANUEL. *Lecciones Preliminares de Filosofía.* Editorial Porrúa SA. México. 1980. Seite 55.

[33]GARCIA MORENTE MANUEL. *Lecciones Preliminares de Filosofía.* Editorial Porrúa SA. México. 1980. Seite 55.

[34]GARCIA MORENTE MANUEL. *Lecciones Preliminares de Filosofía.* Editorial Porrúa SA. México. 1980. Seiten 55-56.

[35]GARCIA MORENTE MANUEL. *Lecciones Preliminares de Filosofía.* Editorial Porrúa SA. México. 1980. Seite 55.

[36]GARCIA MORENTE MANUEL. *Lecciones Preliminares de Filosofía.* Editorial Porrúa SA. México. 1980. Seite 55.

[37]GARCIA MORENTE MANUEL. *Lecciones Preliminares de Filosofía.* Editorial Porrúa SA. México. 1980. Seite 55.

[38]COPLESTON FREDERICK. *Historia de la Filosofía. Tomo I. Grecia y Roma.* Editorial Ariel. Barcelona. 1994. Siete 47.

[39]CARPIO ADOLFO P. *Principios de filosofía. Una introducción a su problemática.* Segunda edición Quinta reimpresión. Glauco. Buenos Aires. 2004. Seite 79.

[40]COPLESTON FREDERICK. *Historia de la Filosofía. Tomo I. Grecia y Roma.* Editorial Ariel. Barcelona. 1994. Seite 129.

[41]COPLESTON FREDERICK. *Historia de la Filosofía. Tomo I. Grecia y Roma.* Editorial Ariel. Barcelona. 1994. Seite 131.

[42]COPLESTON FREDERICK. *Historia de la Filosofía. Tomo I. Grecia y Roma.* Editorial Ariel. Barcelona. 1994. Seite 137.

[43]COPLESTON FREDERICK. *Historia de la Filosofía. Tomo I. Grecia y Roma.* Editorial Ariel. Barcelona. 1994. Seite 149.

[44]CARPIO ADOLFO P. *Principios de filosofía. Una introducción a su problemática.* Segunda edición Quinta reimpresión. Glauco. Buenos Aires. 2004. Seite 95.

[45]COPLESTON FREDERICK. *Historia de la Filosofía. Tomo I. Grecia y Roma.* Editorial Ariel. Barcelona. 1994. Seite 138.

[46]CARPIO ADOLFO P. *Principios de filosofía. Una introducción a su problemática.* Segunda edición Quinta reimpresión. Glauco. Buenos Aires. 2004. Seite 82.

[47]CARPIO ADOLFO P. *Principios de filosofía. Una introducción a su problemática.* Segunda edición Quinta reimpresión. Glauco. Buenos Aires. 2004. Seiten 84-85.

[48]HIRSCHBERGER J. *Breve historia de la filosofía.* Editorial Herder. Barcelona. 1977. Seite 38.

[49]FERRATER MORA JOSE. *Diccionario de Filosofía. Tomo II.*

Konsultierter Artikel: "Participación". Editorial Sudamericana. Buenos Aires. Quinta Edición.

[50]FERRATER MORA JOSE. *Diccionario de Filosofía. Tomo II.* Konsultierter Artikel: "Participación". Editorial Sudamericana. Buenos Aires. Quinta Edición.

[51]COPLESTON FREDERICK. *Historia de la Filosofía. Tomo I. Grecia y Roma.* Editorial Ariel. Barcelona. 1994. Seite 203.

[52]CARPIO ADOLFO P. *Principios de filosofía. Una introducción a su problemática.* Segunda edición Quinta reimpresión. Glauco. Buenos Aires. 2004. Seite 91.

[53]HIRSCHBERGER J. *Breve historia de la filosofía.* Editorial Herder. Barcelona. 1977. Seite 40.

[54]HIRSCHBERGER J. *Breve historia de la filosofía.* Editorial Herder. Barcelona. 1977. Seiten 40-41.

[55]ARISTOTLE. *Metaphysics.* Book 4. [1003a] [21] [1003b] [1]. Perseus Digital Library. Gregory R. Crane, Editor-in-chief. Tufts University. Tufts.edu .

[56]COPLESTON FREDERICK. *Historia de la Filosofía. Tomo I. Grecia y Roma.* Editorial Ariel. Barcelona. 1994. Seite 258.

[57]HIRSCHBERGER J. *Breve historia de la filosofía.* Editorial Herder. Barcelona. 1977. Seite 55.

[58]ARISTÓTELES. *Metafísica.* Introducción, traducción y notas de Tomás Calvo Martínez. Editorial Gredos. Universidad de Navarra. Madrid. 1994. Einleitung. Seiten 21-22.

[59]HIRSCHBERGER J. *Breve historia de la filosofía.* Editorial Herder. Barcelona. 1977. Seiten 58-59.

[60]COPLESTON FREDERICK. *Historia de la Filosofía. Tomo I. Grecia y Roma.* Editorial Ariel. Barcelona. 1994. Seite 273.

[61]HIRSCHBERGER J. *Breve historia de la filosofía.* Editorial Herder. Barcelona. 1977. Seite 60.

[62]CARPIO ADOLFO P. *Principios de filosofía. Una introducción a su problemática.* Segunda edición Quinta reimpresión. Glauco. Buenos Aires. 2004. Seite 115.

[63]ARISTÓTELES. *Metafísica.* Introducción, traducción y notas de Tomás Calvo Martínez. Editorial Gredos. Universidad de Navarra. Madrid. 1994. Buch I, Kapitel 3 *ab initio.* Seiten 79 y 80.

[64]CARPIO ADOLFO P. *Principios de filosofía. Una introducción a su problemática.* Segunda edición Quinta reimpresión. Glauco. Buenos Aires. 2004. Seite 116.

[65]COPLESTON FREDERICK. *Historia de la Filosofía. Tomo I. Grecia y*

Roma. Editorial Ariel. Barcelona. 1994. Seite 276.

[66]CARPIO ADOLFO P. *Principios de filosofía. Una introducción a su problemática.* Segunda edición Quinta reimpresión. Glauco. Buenos Aires. 2004. Seite 119.

[67]HIRSCHBERGER J. *Breve historia de la filosofía.* Editorial Herder. Barcelona. 1977. Seite 65.

[68]HIRSCHBERGER J. *Breve historia de la filosofía.* Editorial Herder. Barcelona. 1977. Seiten 65-66.

[69]CARPIO ADOLFO P. *Principios de filosofía. Una introducción a su problemática.* Segunda edición Quinta reimpresión. Glauco. Buenos Aires. 2004. Seite 126.

[70]Julián Marías sagte, dass der engelhafte Doktor keine Philosophie betrieben habe, weil diese bereits von Aristoteles gemacht worden sei, und dass er sie höchstens in den Zwischenräumen des Aristotelismus gemacht habe.

[71]COPLESTON FREDERICK. *Historia de la Filosofía. Tomo II. De San Agustín a Escoto.* Editorial Ariel. Barcelona. 1994. Seite 311.

[72]FERRATER MORA JOSE. *Diccionario de Filosofía. Tomo II.* Konsultierter Artikel: "Tomás de Aquino (Santo)". Editorial Sudamericana. Buenos Aires. Quinta Edición.

[73]GRABMANN MARTIN. *Santo Tomás de Aquino.* Editorial Labor SA. Barcelona. 1930. Seiten 47-48.

[74]GARRIGOU-LAGRANGE REGINALD. *La Síntesis Tomista,* Ediciones Desclée de Brouwer. Buenos Aires. 1947. Seiten 17-18.

[75]GARRIGOU-LAGRANGE REGINALD. *La Síntesis Tomista,* Ediciones Desclée de Brouwer. Buenos Aires. 1947. Seite 7.

[76]FERRATER MORA JOSE. *Diccionario de Filosofía. Tomo II.* Konsultierter Artikel: "Tomás de Aquino (Santo)". Editorial Sudamericana. Buenos Aires. Quinta Edición.

[77]COPLESTON FREDERICK. *Historia de la Filosofía. Tomo II. De San Agustín a Escoto.* Editorial Ariel. Barcelona. 1994. Seite 326.

[78]COPLESTON FREDERICK. *Historia de la Filosofía. Tomo II. De San Agustín a Escoto.* Editorial Ariel. Barcelona. 1994. Seite 495.

[79]GILSON ETIENNE. *El ser y la esencia.* Ediciones Desclée de Brouwer. Buenos Aires.1965. Seite 258.

[80]SERTILLANGES A.D. *Santo Tomás de Aquino. Tomo II.* Ediciones Desclée de Brouwer. Buenos Aires. 1946. Seite 92.

[81]COPLESTON FREDERICK. *Historia de la Filosofía. Tomo II. De San Agustín a Escoto.* Editorial Ariel. Barcelona. 1994. Seite 392.

[82]DE AQUINO, SANTO TOMAS. *Suma de Teología.* Cuarta Edición.

Biblioteca de Autores Cristianos. Madrid. 2001. I, q.87 a.1 Resp.
[83]SERTILLANGES A.D. *Santo Tomás de Aquino. Tomo II*. Ediciones Desclée de Brouwer. Buenos Aires. 1946. Seite 130.
[84]SERTILLANGES A.D. *Santo Tomás de Aquino. Tomo II*. Ediciones Desclée de Brouwer. Buenos Aires. 1946. Seite 137.
[85]GRABMANN MARTIN. *Santo Tomás de Aquino*. Editorial Labor SA. Barcelona. 1930. Seiten 117-118.
[86]SANTO TOMAS DE AQUINO. *Suma de Teología*. Cuarta Edición. Biblioteca de Autores Cristianos. Madrid. 2001. I, q. 86. a 1. Resp.
[87]GRABMANN MARTIN. *Santo Tomás de Aquino*. Editorial Labor SA. Barcelona. 1930. Seite 124.
[88]GRABMANN MARTIN. *Santo Tomás de Aquino*. Editorial Labor SA. Barcelona. 1930. Seite 118.
[89]SANTO TOMAS DE AQUINO. *Suma de Teología*. Cuarta Edición. Biblioteca de Autores Cristianos. Madrid. 2001. I, q. 88 a 1 Resp.
[90]SANTO TOMAS DE AQUINO. *Suma de Teología*. Cuarta Edición. Biblioteca de Autores Cristianos. Madrid. 2001. I, q. 85 a 1 ad. 2.
[91]SANTO TOMAS DE AQUINO. *Suma de Teología*. Cuarta Edición. Biblioteca de Autores Cristianos. Madrid. 2001. I, q. 86 a 1 Resp. *in fine.*
[92]COPLESTON FREDERICK. *Historia de la Filosofía. Tomo II. De San Agustín a Escoto*. Editorial Ariel. Barcelona. 1994. Seite 395.
[93]FORMENT EUDALDO. *Metafísica*. Ediciones Palabra. Madrid. 2009. Seiten 143-144.
[94]GILSON ETIENNE. *Elementos de una metafísica tomista del ser*. Revista Espíritu: cuadernos del Instituto Filosófico de Balmesiana. Nr XLI. Nr 105. Barcelona. 1992. Seite 24.
[95]COPLESTON FREDERICK. *Historia de la Filosofía. Tomo II. De San Agustín a Escoto*. Editorial Ariel. Barcelona. 1994. Seite 429.
[96]BENAVIDEZ CHRISTIAN. *El Ser en Tomás de Aquino desde la perspectiva de Cornelio Fabro*. Azafea. Revista Filosófica. N° 16. Ediciones Universidad de Salamanca. 2014. Seite 115.
[97]GILSON ETIENNE. *El ser y la esencia*. Ediciones Desclée de Brouwer. Buenos Aires.1965. Seite14.
[98]GILSON ETIENNE. *El ser y la esencia*. Ediciones Desclée de Brouwer. Buenos Aires. 1965. Seite 9.
[99]GILSON ETIENNE. *El ser y la esencia*. Ediciones Desclée de Brouwer. Buenos Aires.1965. Seiten 14-15.
[100]GILSON ETIENNE. *Elementos de una metafísica tomista del ser*. Revista Espíritu: cuadernos del Instituto Filosófico de Balmesiana. Nr XLI. Nr 105. Barcelona. 1992. Seite 10.

[101]DE AQUINO, SANTO TOMAS. *Suma de Teología*. Cuarta Edición. Biblioteca de Autores Cristianos. Madrid. 2001. I, q. 4.a. 1 ad.2.

[102]ROSSELLO FRANCESC TORRALBA. *Metafísica del ser y de la vida en Santo Tomás*. Revista española de filosofía medieval. Universidad de Córdoba. Nr 0. 1993. Seite 243.

[103]ROSSELLO FRANCESC TORRALBA. *Metafísica del ser y de la vida en Santo Tomás* Revista española de filosofía medieval. Universidad de Córdoba. Nr 0. 1993. Seite 245.

[104]GONZALEZ ZEFERINO, CARDENAL. *Filosofía Elemental. Tomo II*. Segunda Edición. Madrid 1886. Seite 11.

[105]GONZALEZ ZEFERINO, CARDENAL. *Filosofía Elemental. Tomo II*. Segunda Edición. Madrid 1886. Seite 11. Die lateinische Ausdruck *id quod habet vel potest habere esse* bedeutet: *Das, was Sein hat oder Sein haben kann.*

[106]AQUINAS, ST. THOMAS. *The Summa Theologica*. Translated by Fathers of the English Dominican Province. Benziger Bros. Edition. 1947. https://isidore.co/aquinas/summa/index.html

[107]BENAVIDEZ CHRISTIAN. *El Ser en Tomás de Aquino desde la perspectiva de Cornelio Fabro*. Azafea. Revista Filosófica. Nr 16. Ediciones Universidad de Salamanca. 2014. Seite 123.

[108]FORMENT EUDALDO. *Metafísica*. Ediciones Palabra. Madrid. 2009. Seite 235.

[109]GILSON ETIENNE. *Elementos de una metafísica tomista del ser*. Revista Espíritu: cuadernos del Instituto Filosófico de Balmesiana. Nr XLI. Nr 105. Barcelona. 1992. Seite 11.

[110]DERISI OCTAVIO, MONSEÑOR. *Nuevos aportes a la metafísica tomista*. Revista Humanitas. Universidad de Nuevo León. Nr 19. 1978. Seite 28.

[111]AQUINAS, ST. THOMAS. *The Summa Theologica*. Translated by Fathers of the English Dominican Province. Benziger Bros. Edition. 1947. https://isidore.co/aquinas/summa/index.html

[112]AQUINO, TOMÁS DE. *Suma contra los Gentiles*. Edición Biblioteca de.org Autores Cristianos. TOMAS DE AQUINO. ORG. En https://tomasdeaquino /#4. Buch I, Kapitel 60.

[113]Aquino, Sancti Thomae de. *Expositio libri Boetii De ebdomadibus*. Textum Taurini 1954 editum et automato translatum a Roberto Busa SJ in taenias magneticas, denuo recognovit Enrique Alarcón atque instruxit. Lectio 2. https://www.corpusthomisticum.org/cbh.html

[114]DE AQUINO, SANTO TOMAS. *Suma de Teología*. Cuarta Edición. Biblioteca de Autores Cristianos. Madrid. 2001. I q.44 a.1 Resp.

[115]GOMEZ PEREZ RAFAEL. *Introducción a la Metafísica*. Cuarta edición. Ediciones Rialp SA. Madrid. 1990. Seite 115.

[116]ROSSELLO FRANCESC TORRALBA. *Metafísica del ser y de la vida en Santo Tomás* Revista española de filosofía medieval. Universidad de Córdoba. Nr 0. 1993. Seite 243.

[117]SANTO TOMAS DE AQUINO. *Suma de Teología*. Cuarta Edición. Biblioteca de Autores Cristianos. Madrid. 2001. I q.18 a.1 Resp. *in fine*.

[118]FORMENT EUDALDO. *Id a Tomás*. 2° Edición. Fundación Gratis Datae. Pamplona. 2005. Seite 50.

[119]SERTILLANGES A.D. *Santo Tomás de Aquino*. Tomo II. Ediciones Desclée de Brouwer. Buenos Aires. 1946. Seite 92.

[120]GONZALEZ ZEFERINO, CARDENAL. *Filosofía Elemental*. Tomo II. Segunda Edición. Madrid 1886. Seite 194.

[121]Siehe GONZALEZ ZEFERINO, CARDENAL. *Filosofía Elemental*. Tomo II. Segunda Edición. Madrid 1886. Seite 195.

[122]ROSSELLO FRANCESC TORRALBA. *Metafísica del ser y de la vida en Santo Tomás* Revista española de filosofía medieval. Universidad de Córdoba. Nr 0. 1993. Seite 247.

[123]GONZALEZ ZEFERINO, CARDENAL. *Filosofía Elemental*. Tomo II. Segunda Edición. Madrid 1886. Seiten 196-197.

[124]GONZALEZ ZEFERINO, CARDENAL. *Filosofía Elemental*. Tomo II. Segunda Edición. Madrid 1886. Seite 198.

[125]SANTO TOMAS DE AQUINO. *Suma de Teología*. Cuarta Edición. Biblioteca de Autores Cristianos. Madrid. 2001. I q.65 a.2 Resp.

[126]**Klasse** ist eine Gruppe von Seienden, die als Mitglieder bezeichnet werden und mindestens eine gemeinsame Eigenschaft besitzen. Zum Beispiel: die Klasse der Menschen. **Gattung** ist eine Gruppe von Seienden, die einen größeren Umfang und eine geringere Bedeutung als die Spezies haben. Zum Beispiel: Die Klasse der Tiere ist eine Gattung im Verhältnis zur Klasse der Menschen, die eine Spezies dieser Gattung ist. Aber die Klasse der Tiere ist eine Spezies der Gattung, die die Klasse der Lebewesen bildet. **Spezies** ist eine Klasse, die der Gattung untergeordnet ist.

[127]AQUINO, TOMÁS DE. *Suma contra los Gentiles*. Edición Biblioteca de.org Autores Cristianos. TOMAS DE AQUINO. ORG. En https://tomasdeaquino /#4. Buch III, Kapitel 20.

[128]ROMERO FRANCISCA TOMAR. *La escala de los seres en la filosofía de Tomás de Aquino*. Revista española de filosofía medieval. Universidad de Córdoba. Nr 0. 1993. Seite 226.

[129]ROMERO FRANCISCA TOMAR. *La escala de los seres en la filosofía*

de Tomás de Aquino. Revista española de filosofía medieval. Universidad de Córdoba. Nr 0. 1993. Seite 227.

[130]ROMERO FRANCISCA TOMAR. *La escala de los seres en la filosofía de Tomás de Aquino*. Revista española de filosofía medieval. Universidad de Córdoba. Nr 0. 1993. Seite 228.

[131]ROMERO FRANCISCA TOMAR. *La escala de los seres en la filosofía de Tomás de Aquino*. Revista española de filosofía medieval. Universidad de Córdoba. Nr 0. 1993. Seite 230.

[132]Sankt Thomas bezieht sich auf die Operation als das Ziel und die Vollkommenheit jedes Seienden. Die eigene Operation eines Seienden ist das, was es charakterisiert, ihm Wert verleiht und es unter seinen Mitmenschen definiert. Durch seine Operation verwirklicht sich das Seiende als solches. Ein Seiendes kann nicht allein durch sein Wesen definiert werden. Die Intelligibilität des Seienden liegt in seiner Aktualität, die durch die Operation erlangt wird, das heißt, durch seine Art des Handelns. Seiende werden durch ihre Werke erkannt.

[133]ROMERO FRANCISCA TOMAR. *La escala de los seres en la filosofía de Tomás de Aquino*. Revista española de filosofía medieval. Universidad de Córdoba. Nr 0. 1993. Seite 234.

[134]GOMEZ PEREZ RAFAEL. *Introducción a la Metafísica*. Cuarta edición. Ediciones Rialp SA. Madrid. 1990. Seite 124.

[135]GOMEZ PEREZ RAFAEL. *Introducción a la Metafísica*. Cuarta edición. Ediciones Rialp SA. Madrid. 1990. Seite 129.

[136]AQUINAS THOMAS. *Questiones Disputatae de Veritate*. Q 8 a.6 Resp. Translated by Robert W. Mulligan, S.J. Chicago: Henry Regnery Company, 1952. Html edition by Joseph Kenny, O.P. Latin-Enghish. https://isidore.co/aquinas/QDdeVer.htm

[137]GOMEZ PEREZ RAFAEL. *Introducción a la Metafísica*. Cuarta edición. Ediciones Rialp SA. Madrid. 1990. Seite 131.

[138]GOMEZ PEREZ RAFAEL. *Introducción a la Metafísica*. Cuarta edición. Ediciones Rialp SA. Madrid. 1990. Seite 133.

[139]Cfr. GRENIER HENRI. *Thomistic Philosophy*. Translated from the Latin of the original *Cursus Philosophiae* (Editio tertia) by Rev. J. P. E. O'Hanley, Ph.D. St. Dunstan's University. Charlottetown, Canadá. 1950. Nr 508. Seite 295.

[140]GARDEIL H.D. *Iniciación a la Filosofía de Santo Tomás de Aquino. 4- Metafísica.Obra citada*. Editorial Tradición. México. 1974. Seite 79.

[141]FORMENT EUDALDO. *La sistematización de Santo Tomás de los trascendentales*. Contrastes. Revista interdisciplinar de filosofía. Volumen I. 1996. Málaga (España). Seite 109.

[142]Siehe FORMENT EUDALDO. *La sistematización de Santo Tomás de los trascendentales.* Contrastes. Revista interdisciplinar de filosofía. Volumen I. 1996. Málaga (España). Seiten 109-110.

[143]FORMENT EUDALDO. *La sistematización de Santo Tomás de los trascendentales.* Contrastes. Revista interdisciplinar de filosofía. Volumen I. 1996. Málaga (España). Seite 110.

[144]GARDEIL H.D. *Iniciación a la Filosofía de Santo Tomás de Aquino. 4-Metafísica.Obra citada.* Editorial Tradición. México. 1974. Seite 82. Der lateinische Text besagt: *Aber eins und Seiende bedeuten nicht verschiedene Naturen, sondern eine.*

[145]FORMENT EUDALDO. *Metafísica.* Ediciones Palabra. Madrid. 2009. Seite 268.

[146]GARDEIL H.D. *Iniciación a la Filosofía de Santo Tomás de Aquino. 4-Metafísica.Obra citada.* Editorial Tradición. México. 1974. Seite 80.

[147]Cfr. FERRATER MORA JOSE. *Diccionario de Filosofía. Tomo II.* Konsultierter Artikel: "Pitágoras". Editorial Sudamericana. Buenos Aires. Quinta Edición.

[148]FERRATER MORA JOSE. *Diccionario de Filosofía. Tomo II.* Konsultierter Artikel: "Número". Editorial Sudamericana. Buenos Aires. Quinta Edición.

[149]SERTILLANGES A.D. *Santo Tomás de Aquino. Tomo I.* Ediciones Desclée de Brouwer. Buenos Aires. 1946. Seite 43.

[150]AQUINAS, THOMAS. *Quaestiones Disputatae de Potentia Dei.* (Disputed Questions on the Power of God). Translated by English Dominican Fathers. Westminster, Maryland: The Newman Press, 1952. Reprint of 1932. HTML edition by Joseph Kenny, O.P. Q.9 a.7 Resp.

[151]AQUINAS, ST. THOMAS. *The Summa Theologica.* Translated by Fathers of the English Dominican Province. Benziger Bros. Edition. 1947. I q.11 a.1. Resp. https://isidore.co/aquinas/summa/index.html

[152]SERTILLANGES A.D. *Santo Tomás de Aquino. Tomo I.* Ediciones Desclée de Brouwer. Buenos Aires. 1946. Seite 43.

[153]SERTILLANGES A.D. *Santo Tomás de Aquino. Tomo I.* Ediciones Desclée de Brouwer. Buenos Aires. 1946. Seiten 46-47.

[154]DE AQUINO, SANTO TOMAS. *Comentario al Libro IV de la Metafísica de Aristóteles.* Prólogo, edición y traducción de Jorge Morán. Cuadernos de Anuario Filosófico Nr 92. Universidad de Navarra. 1999. Lektion 2. Seite 41.

[155]DE AQUINO, SANTO TOMAS. *Comentario al Libro IV de la Metafísica de Aristóteles.* Prólogo, edición y traducción de Jorge Morán. Cuadernos de Anuario Filosófico Número 92. Universidad de Navarra.

1999. Lektion 2. Seite 42.

[156]DE AQUINO, SANTO TOMAS. *Comentario al Libro IV de la Metafísica de Aristóteles.* Prólogo, edición y traducción de Jorge Morán. Cuadernos de Anuario Filosófico Número 92. Universidad de Navarra. 1999. Lektion 2. Seiten 44-45.

[157]ARISTÓTELES. *Metafísica.* Introducción, traducción y notas de Tomás Calvo Martínez. Editorial Gredos. Universidad de Navarra. Madrid. 1994. Buch X, Kapitel 3. Seite 402.

[158]SANTO TOMAS DE AQUINO. *Comentario al Libro IV de la Metafísica de Aristóteles.* Prólogo, edición y traducción de Jorge Morán. Cuadernos de Anuario Filosófico Nr 92. Universidad de Navarra. 1999. Lektion 2. Seite 45.

[159]GARDEIL H.D. *Iniciación a la Filosofía de Santo Tomás de Aquino. 4- Metafísica.* Editorial Tradición. México. 1974. Seite 89.

[160]FORMENT EUDALDO. *Metafísica.* Ediciones Palabra. Madrid. 2009. Seite 281.

[161]FORMENT EUDALDO. *Metafísica.* Ediciones Palabra. Madrid. 2009. Seiten 285-286.

[162]GOMEZ PEREZ RAFAEL. *Introducción a la Metafísica.* Cuarta edición. Ediciones Rialp SA. Madrid. 1990. Seite 181.

[163]FORMENT EUDALDO. *Metafísica.* Ediciones Palabra. Madrid. 2009. Seite 288.

[164]FORMENT EUDALDO. *Metafísica.* Ediciones Palabra. Madrid. 2009. Seite 287.

[165]SERTILLANGES A.D. *Santo Tomás de Aquino. Tomo I.* Ediciones Desclée de Brouwer. Buenos Aires. 1946. Seite 62.

[166]GARDEIL H.D. *Iniciación a la Filosofía de Santo Tomás de Aquino. 4- Metafísica.* Editorial Tradición. México. 1974. Seiten 90-91.

[167]AQUINAS, ST. THOMAS. *The Summa Theologica.* Translated by Fathers of the English Dominican Province. Benziger Bros. Edition. 1947. I q.5 a.1 Resp. https://isidore.co/aquinas/summa/index.html

[168]GOMEZ PEREZ RAFAEL. *Introducción a la Metafísica.* Cuarta edición. Ediciones Rialp SA. Madrid. 1990. Seite 185.

[169]SERTILLANGES A.D. *Santo Tomás de Aquino. Tomo I.* Ediciones Desclée de Brouwer. Buenos Aires. 1946. Seite 66.

[170]GARDEIL H.D. *Iniciación a la Filosofía de Santo Tomás de Aquino. 4- Metafísica.* Editorial Tradición. México. 1974. Seite 94.

[171]SERTILLANGES A.D. *Santo Tomás de Aquino. Tomo I.* Ediciones Desclée de Brouwer. Buenos Aires. 1946. Seite 67.

[172]GARDEIL H.D. *Iniciación a la Filosofía de Santo Tomás de Aquino. 4-

Metafísica. Editorial Tradición. México. 1974. Seiten 94.

[173]SERTILLANGES A.D. *Santo Tomás de Aquino. Tomo I.* Ediciones Desclée de Brouwer. Buenos Aires. 1946. Seite 68.

[174]SERTILLANGES A.D. *Santo Tomás de Aquino. Tomo I.* Ediciones Desclée de Brouwer. Buenos Aires. 1946. Seite 69.

[175]FORMENT EUDALDO. *Metafísica.* Ediciones Palabra. Madrid. 2009. Seiten 285-295.

[176]SERTILLANGES A.D. *Santo Tomás de Aquino. Tomo I.* Ediciones Desclée de Brouwer. Buenos Aires. 1946. Seite 70.

[177]GOMEZ PEREZ RAFAEL. *Introducción a la Metafísica.* Cuarta edición. Ediciones Rialp SA. Madrid. 1990. Seite 187.

www.ingramcontent.com/pod-product-compliance
Lightning Source LLC
Chambersburg PA
CBHW072201290526
45794CB00004B/1607